Kolbentemperaturen in Otto-Motoren

Von

Dr.-Ing. Walther Brecht

Mit 52 Bildern.

München und Berlin 1940

Verlag von R. Oldenbourg

Druck von R. Oldenbourg, München

Printed in Germany

Vorwort.

Die Untersuchungen wurden im Prüffeld des Forschungs-
instituts für Kraftfahrwesen und Fahrzeugmotoren an der
Technischen Hochschule Stuttgart im Rahmen von Kolben-
versuchen für das Reichsluftfahrtministerium durchgeführt.
Ich möchte dem Institutsleiter, Herrn Prof. Dr.-Ing. W.
Kamm, auch an dieser Stelle für das große Interesse, das
er der Arbeit entgegengebracht hat, danken. Ebenso bin ich
den Herren Dr.-Ing. P. Riekert und Dr.-Ing. M. Kuhm
und vor allem Dr.-Ing. P. Sommer für wertvolle Hinweise
bei der Durchführung und Auswertung der Versuche zu Dank
verpflichtet.

In Abwesenheit des Verfassers übernahmen freundlicher-
weise Dr.-Ing. P. Sommer und Dipl.-Ing. F. Koegel die
Druckkorrektur.

Stuttgart, z. Z. Lima (Peru), Juni 1940.

Dr.-Ing. Walther Brecht.

Inhaltsverzeichnis.

I. Einleitung.

A. Zweck der Untersuchungen.

Der innere Wärmeübergang vom Gas an die Begrenzungswände bildet die Ursache von zahlreichen heute an Flugmotoren auftretenden Schwierigkeiten. Zur Erhaltung eines hohen thermischen Wirkungsgrades soll er möglichst klein und der äußere Wärmeübergang von den Begrenzungswänden an das Kühlmittel möglichst groß sein. Während der äußere Wärmeübergang sich schon weitgehend rechnerisch überblicken läßt, dank der zahlreichen theoretischen Arbeiten, die durch Versuche bestätigt sind, ist das Berechnen des tatsächlichen inneren Wärmeübergangs in der Brennkraftmaschine wegen der vielen sich überschneidenden, wenig bekannten und in ihrer Wirkung kaum abzuschätzenden Einflüsse sehr erschwert und fast immer auf Voraussetzungen aufgebaut, deren Geltungsbereich nur eine beschränkte Anwendung zuläßt. Dabei liegen die Verhältnisse für den Kolben, den empfindlichsten Teil des Flugmotors, besonders ungünstig, denn er ist mannigfachen Beanspruchungen mechanischer und vor allem thermischer Art unterworfen, und doch zugleich derjenige, dessen Verhalten am schwierigsten vorausgesagt werden kann und der im Betrieb auch am wenigsten leicht zu beobachten ist.

Vornehmlich die hohen Kolbentemperaturen sind nicht nur eine Ursache für manche Störung, beispielsweise das Festwerden der Kolbenringe mit nachfolgendem Kolbenfressen, sondern in vielen Fällen begrenzen sie auch unmittelbar eine weitere Steigerung der Hubraumleistung. Denn bei den an Flugmotoren heute allein verwendeten Leichtmetallkolben ist die Spanne zwischen den höchsten noch vorkommenden Kolbentemperaturen von 450⁰ C und dem unteren Schmelzpunkt der Leichtmetall-Legierungen von etwa 537⁰ C überaus gering, da der Werkstoff schon unterhalb 537⁰ C breiig und plastisch zu werden beginnt. Graugußkolben beginnen zwar erst bei einer

Temperatur von etwa 1200° C zu schmelzen, erreichen aber be.
gleicher Belastung wesentlich höhere Temperaturen, die schon
im Bereiche der Rotglut liegen, den volumetrischen Wirkungsgrad herabsetzen und zur Selbstentzündung des Gemisches
führen können.

Zweck der vorliegenden Arbeit ist es, einen Überblick über
die an der Ausbildung der Kolbentemperaturen beteiligten
Einzeleinflüsse zu geben und damit Wege aufzuzeigen, die zur
Herabsetzung der Spitzentemperaturen und des für die Wärmespannungen maßgebenden Temperaturgefälles im Kolben und
damit zur Verminderung einer Reihe von Störungsmöglichkeiten
führen können. Für die Motorenversuche wurden sowohl in der
Wahl der Kolben wie der Versuchsbedingungen die heute üblichen Verhältnisse im Flugmotor zugrunde gelegt.

Eine Beurteilung der Möglichkeiten, die Kolbentemperaturen herabzusetzen, bedingt aber zunächst die Kenntnis des
einzelnen Einflusses unter Trennung von allen übrigen Faktoren.
Dabei kann es vorkommen, daß mit einem Mittel, welches an
sich der thermischen Entlastung des Kolbens dienen würde, in
anderer Richtung Nachteile verbunden sind, die je nach den
vorliegenden Bedingungen eine Zwischenlösung erfordern lassen
(z. B. Vergrößerung des Bodenquerschnitts — Erhöhung des
Kolbengewichtes, Verbesserung des Wärmeübergangs — Verschlechterung des Gleitvorgangs).

B. Umfang der Untersuchungen.

Da der Wunsch bestand, ein möglichst geschlossenes Bild
über die verschiedenen Einflüsse auf die Kolbentemperaturen
zu geben, wurden die Untersuchungen über Fragen der Kolben-
und Kolbenringgestaltung hinaus auch auf Veränderungen des
Wärmeeinfalls (z. B. verschiedene Verbrennung, Drehzahl, Verdichtung usw.) und der Wärmeabfuhr (z. B. Kolbenspiel, Ölfilm, Zylinderwerkstoff und -kühlung) unter Einschluß von
einigen Versuchen mit zusätzlicher Kühlung des Kolbeninnern
ausgedehnt. Die im Schrifttum vorhandenen Ergebnisse wurden,
soweit zugänglich, sinngemäß eingefügt.

Die Untersuchungen waren auf den Otto-Viertakt-Motor
beschränkt. Doch sind die Ergebnisse, soweit nicht Fragen

des Verbrennungsablaufes, d. h. des Wärmeeinfalls auf den
Kolbenboden betroffen werden, auch auf andere Verfahren
(Zweitakt, Diesel) übertragbar. Erfahrungsgemäß[1]) liegen
die Betriebstemperaturen in der Kolbenbodenmitte beim Diesel-
motor durchweg höher als beim Otto-Motor, und zwar am höchsten bei Vorkammerverfahren, während in der Ring- und Schaftzone nur kleine Unterschiede auftreten. Doch dürften im
Dieselbetrieb häufig örtliche Überhitzungen durch Düse oder
Brennkammer vorliegen.

Kolben an Zweitaktmotoren werden infolge der doppelt so
häufigen Wärmebeaufschlagung heißer als Viertaktkolben.
Erreichen beide Kolben dieselbe Temperatur, so ist zu be
denken, daß beim Viertakt diese Temperaturwerte das Mittel
von zwei Umdrehungen mit nur einem Arbeitshub, beim Zweitakt dagegen das Mittel von einer Umdrehung mit einem
Arbeitshub bilden, mit anderen Worten, daß beim Viertakt
die Dichte des Wärmeflusses zeitweise wesentlich stärker
sein muß.

Nicht mit einbezogen werden konnten ferner Versuche über
den Einfluß des Spülverfahrens auf die Kolbentemperaturen.
Gleichstromspülung wird für die thermische Entlastung des
Kolbens günstiger sein als Umkehrspülung, aber nur dann,
wenn der Kolben den Einlaß steuert, während umgekehrt bei
kolbenseitiger Steuerung des Auslasses sehr hohe thermische
Beanspruchungen für den Kolben auftreten können.

C. Einiges zur Durchführung der Versuche.

Ein Teil der Untersuchungen, vor allem die zur Ermittlung
des Einflusses der Kolben- und Kolbenringgestaltung auf die
Ausbildung der Kolbentemperaturen bei sonst unveränderten
äußeren Bedingungen wurden im stationären Zustand, d. h. bei
gleichbleibender Heizung und Kühlung in einer kalorimetrischen
Versuchseinrichtung durchgeführt. Diese Vereinfachung der
Versuchsbedingungen stützte sich auf Erkenntnisse, nach wel-
chen die durch periodische Schwankungen der Gastemperatur
hervorgerufenen Temperaturschwingungen in den Begrenzungs-

---

[1]) Die Ziffern weisen auf das am Schluß befindliche Schrift-
tumsverzeichnis hin.

wänden im Bereich höherer Drehzahlen sehr rasch abklingen und nur bis in wenige Millimeter Tiefe den stationären Wärmefluß stören, somit von dieser Tiefe an mit gleichmäßiger Wärmebeaufschlagung gerechnet werden kann (2, 3).

Die Temperaturmessung im stationären Zustand sowie an Zylinderbüchse und -kopf bei Versuchen am laufenden Motor geschah durch eingestemmte Kupfer-Konstanten-Thermoelemente. Dabei wurde zur Vermeidung der Wärmeableitung durch den Meßdraht darauf geachtet, daß dieser möglichst lange im Bereich der Meßtemperatur geführt wurde. Im übrigen wurden vor allem die Meßbedingungen konstant gehalten, so daß höchstens Fehler in der absoluten Meßgenauigkeit, nicht aber Unterschiede in den Vergleichsbedingungen auftreten konnten. Brennraum- und Auspufftemperaturen wurden mit dem in Bild 1 dargestellten Nickel-Nickelchrom-Thermoelement verfolgt.

Für die Messung der Kolbentemperaturen am laufenden Motor kam bei den heute üblichen Drehzahlen die Anwendung thermoelektrischer Verfahren wegen der Schwierigkeit, die am Kolben verteilten Meßpunkte über die bewegten Triebwerksteile hinweg betriebssicher und meßtechnisch einwandfrei mit dem außerhalb des Motors aufgestellten Anzeigegerät zu verbinden, nicht in Frage. Die Temperaturmessung mußte auf die unter den jeweiligen Bedingungen auftretenden Höchsttemperaturen des Kolbens beschränkt werden. Für diese Messung besteht ein Verfahren im Einbau von Schmelzstiften verschiedener Legierung und bekanntem Schmelzpunkt. Jede Meßstelle bestand aus vier oder fünf Schmelzstiften mit ver-

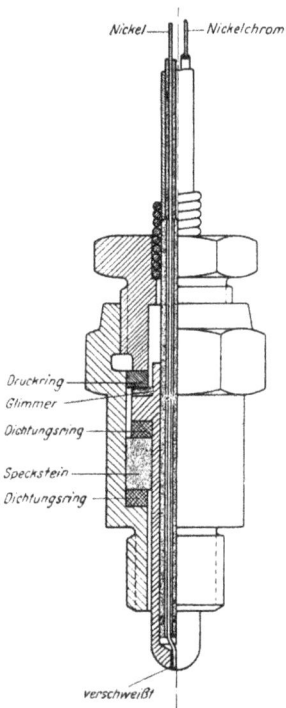

Bild 1.
Ni-NiCr-Element zur Messung der mittleren Brennraum- und Auspufftemperatur.

schiedenem Schmelzpunkt, die so gewählt wurden, daß sie die
an der Meßstelle erwartete Temperatur eingrenzten. Die Stifte
wurden in 2 mm tiefe Bohrungen von 1,8 mm Durchmesser
fest eingepaßt und mit einem Körnerpunkt versehen, um fest-
stellen zu können, ob ein Stift, ohne herauszuschmelzen, während des Betriebes teigig geworden, also angeschmolzen war
(Bild 2).

Bild 2.
HM 8-Kolben mit zum Teil ausgeschmolzenen
Schmelzstiften.

Die für die Versuche verwendeten Legierungen wiesen
folgende Schmelzpunkte auf:

96⁰, 105⁰, 110⁰, 125⁰, 130⁰, 139⁰, 145⁰, 150⁰, 165⁰, 169⁰,
178⁰, 181⁰, 198⁰, 210⁰, 232⁰, 249⁰, 254⁰, 269⁰, 295⁰, 321⁰, 327⁰,
344⁰, 380⁰.

Die Temperatursprünge lagen also zwischen 4⁰ und 26⁰.
Gewisse Unterschiede weisen die Stifte auch in ihrer Spröde
und ihrer Wärmeausdehnung auf, was bei dem Einpassen und
bei der Deutung der Ergebnisse berücksichtigt werden mußte.
Insgesamt konnte jedoch bei vorsichtiger Mittelwertsbildung
der größte Fehler auf 10⁰ begrenzt werden. Die Meßstellen waren
über den Kolbenboden, die Ringstege und den Schaft zu beiden
Seiten senkrecht zur Bolzenachse, also auf der Druck- und
Gegendruckseite verteilt. Zum Vergleich herangezogen wurden

in erster Linie die Messungen auf der Druckseite, die offenbar
weniger von Tageseinflüssen, z. B. kleinen Schwankungen in
der Temperatur der Anblasluft oder des Schmieröles, betroffen
werden.

Die gemessenen effektiven Leistungen wurden nach der
vom RLM empfohlenen Formel zur Berücksichtigung von
Druck und Temperatur der Ansaugluft umgerechnet.

Bedeuten N_0 = Leistung (PS) bei Normalluftzustand (760 Torr
und 15^0 C bzw. 288^0 K),

b_0 = Bezugsluftdruck (760 Torr),

T_0 = absolute Bezugstemperatur (288^0 K),

N = gemessene effektive Leistung (PS),

b = Ansaugluftdruck (Torr),

T = absolute Prüfraumtemperatur (^{0} K)

und f = Umrechnungswert,

so ist

$$N_0 = f \cdot N \text{ und } f = \frac{b_0}{b} \cdot \sqrt{\frac{T}{T_0}}.$$

Wegen der bei Einzylinderprüfständen unverhältnismäßig
hohen Antriebsverluste wurde zum Vergleich der Leistungen
nicht die Nutzleistung N_e (p_{me}), sondern die aus der Summe
von Nutz- und Antriebsleistung ermittelte innere Leistung N_i
(p_{mi}) und entsprechend der spezifische Brennstoffverbrauch b_i
(bezogen auf N_i) herangezogen.

II. Kolbentemperaturen in Abhängigkeit des Wärmeeinfalls.

A. Vorversuche in einer kalorimetrischen Versuchsanordnung.

Wie einleitend erwähnt wurde, geht die unmittelbar an der Kolbenoberfläche je Arbeitsspiel stoßweise erfolgende Wärmebeaufschlagung schon in wenigen Millimetern Tiefe in einen stationären Wärmefluß über. Es ist daher angängig,

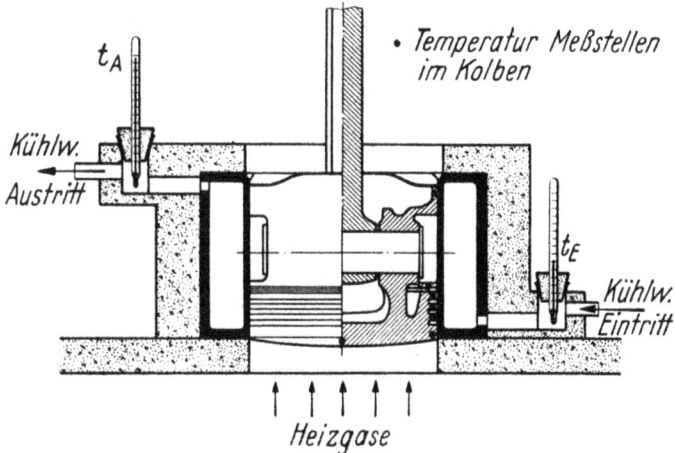

Bild 3.
Kalorimetrische Versuchsanordnung mit MEC-Kolben.

Untersuchungen bestimmter Eigenheiten des Kolbens in ihrem Einfluß auf den Wärmefluß und die Ausbildung der Kolbentemperaturen bei gleichmäßiger Wärmebeaufschlagung, etwa durch eine Heizquelle, anzustellen. In einer solchen einfachen Versuchseinrichtung können ohne große Schwierigkeiten eine Reihe von Faktoren, vor allem in ihrem qualitativen Einfluß auf die Kolbentemperaturen, beobachtet werden.

In der in Bild 3 abgebildeten Versuchsanordnung hängt der Kolben an seiner Pleuelstange im Kalorimeter und wird von unten her mit einer Propan-Sauerstofflamme beheizt. Die vom Schaft an die Zylinderwand (Kalorimeter) abgegebene Wärmemenge kann aus der in der Zeiteinheit durch das Kalorimeter strömenden Wassermenge und seiner Temperaturerhöhung ermittelt werden. Sowohl die durchströmende Wassermenge zur Kühlung, wie die Propan- und Sauerstoffmenge zur Heizung, sind einstellbar. Unveränderliche Druckhöhe des Kühlwassers kann durch ein Überlaufgefäß, gleicher statischer Druck in der Propan- und Sauerstoffleitung mit einem Druckmeßgerät (Wassersäule) überwacht werden.

Die Temperaturmessungen im Kolben und in der Kalorimeterwandung erfolgen mittels eingestemmter Thermoelemente aus Kupfer-Konstantan, wobei die Temperatur der kalten Lötstelle mit einem Fadenthermometer verfolgt wird. Vier Meßstellen sind im Kolbenboden in gleicher Entfernung vom Mittelpunkt angeordnet, um die genau zentrale Beaufschlagung des Kolbens überprüfen zu können. Der Wärmeeinfall auf den Kolbenboden bewegte sich in der Größenordnung von 2000 bis 3000 kcal/h, also Werten, wie sie nach Untersuchungen am laufenden Motor (4) für einen Kolben dieser Baugröße etwa zu erwarten sind. Mit jeder Messung wurde bis zum Eintreten eines unveränderlichen Zustands, bei welchem gleich viel Wärme zu- wie abgeführt wurde, gewartet. Mehrere Versuche wurden an verschiedenen Tagen wiederholt, wobei die Abweichung in der Temperaturanzeige nicht mehr als 3^0 C betrug.

Über die mit dieser Anordnung und verschiedenen Kolben angestellten Versuche wird in den entsprechenden Abschnitten berichtet. Zunächst wurden einmal die Kolbentemperaturen in Abhängigkeit der Wärmebeaufschlagung, d. h. des Wärmeeinfalls auf den Kolbenboden verfolgt. Mißt man die Kolbentemperatur bei verschiedener Wärmebeaufschlagung ($^6/_6$, $^5/_6$, $^4/_6$, $^3/_6$-Beaufschlagung, gemessen in Millimeter Wassersäule statischem Druck der Heizgasleitung), so zeigt sich (Bild 4) ein ungleiches Ansteigen der Temperaturen. Diese steigen in der Bodenmitte rascher an als am Schaft, so daß das Temperaturgefälle über den ganzen Kolben sowie das Einzelgefälle in

Kolbenboden, Ringzone und Schaft zunimmt, weil eine größere
Wärmemenge zu verarbeiten ist.

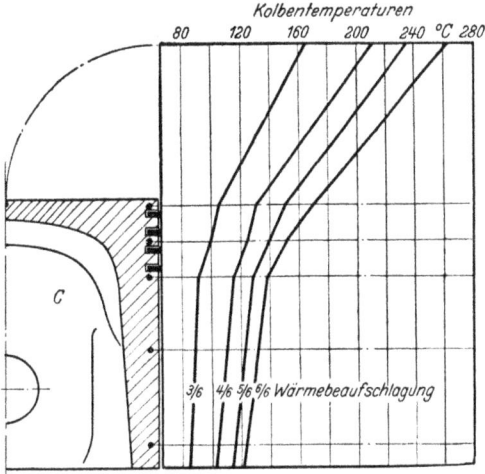

Bild 4.
Kolbentemperaturen in Abhängigkeit der Wärmebeaufschlagung
(Kalorimeterversuch).

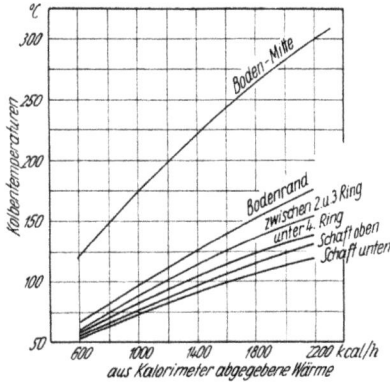

Bild 5 a.
Kolbentemperaturen bei verschiedener
Wärmebeaufschlagung (Kalorimeterversuch).

Wie zu erwarten, ist der Temperaturverlauf der einzelnen
Meßpunkte, aufgetragen über der an das Kalorimeter abge-

gebenen Wärmemenge, bei kleinen Wärmebeaufschlagungen zunächst linear (Bild 5a). Allmählich aber beginnen die Temperaturen langsamer anzusteigen. Dies rührt zunächst daher, daß sich der Kolben mit steigender Temperatur ausdehnt, so daß das Kolbenspiel und damit der Wärmeübergangswiderstand zur Zylinderwand geringer wird, eine Tatsache, die man bei Motorenversuchen häufig in der niedrigeren Kolbentemperatur auf der Druckseite bestätigt findet (s. a. O.).

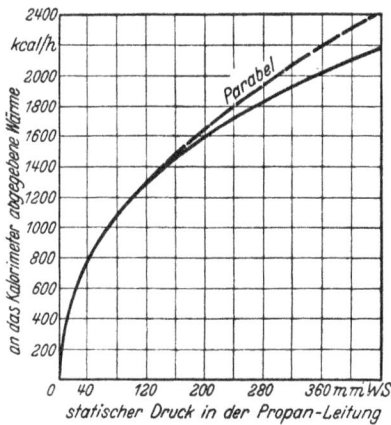

Bild 5 b.
Zu- und abgeführte Kolbenwärme (Kalorimeterversuch).

Eine zweite Erscheinung läßt sich in ihren Anfängen beobachten, wenn man die an das Kalorimeter abgegebene Wärmemenge als Maß für die vom Kolbenboden aufgenommene Wärme und den statischen Druck in der Heizgasleitung als Maß für die dem Kolben zugeführte Wärme aufträgt (Bild 5b). Wären keine weiteren Einflüsse vorhanden, so würde sich eine quadratische Abhängigkeit ergeben, gemäß der Beziehung

$$Q = F \cdot \sqrt{2 \cdot g \cdot h} \quad \text{oder} \quad h = \frac{Q^2}{F^2 \cdot 2\,g},$$

wobei

Q = Gasdurchfluß in m³/s,
h = Druckhöhe in mm WS,
g = Erdbeschleunigung in m/s²,
F = Ausflußquerschnitt in m²

ist. Eine in den unteren Teil der Kurve gut hineinpassende
Parabel weicht allmählich immer mehr ab, ein Zeichen dafür,
daß der Kolben mit steigender Beaufschlagung von der zugeführten Wärme entsprechend der sinkenden Temperaturdifferenz Gas-Kolbenboden immer weniger aufnimmt und wahr-
scheinlich auch in zunehmendem Maße Wärme wieder ab-
strahlt.

In diesem Zusammenhang muß noch auf einen weiteren
Einfluß hingewiesen werden. Mit zunehmender Temperatur
steigt nämlich die Wärmeleitfähigkeit des Kolbenwerkstoffs,
was am Ende eine Temperatursenkung und eine Vergrößerung
der durchfließenden Wärmemenge zur Folge hat. Messungen
haben eine der Temperatur etwa verhältige Zunahme der Leitfähigkeit ergeben (5, 6).

So kommen in der stationären Darstellung gleich eine
Reihe von Faktoren zum Vorschein, die eine Erfassung der
Kolbentemperaturen auf rechnerischem Wege so überaus
schwierig gestalten.

B. Einfluß des Ladegewichts.

1. Ohne Aufladung.

Die motorischen Versuche über den Einfluß der Wärmebeaufschlagung wurden am Hirth HM 8-Einzylinder durchgeführt, dessen Abmessungen und Kennwerte kurz angegeben
seien.

Der Motor (HM 8-Einzylinder, luftgekühlt mit Leitblech,
aufgebaut auf FKFS-Einzylinderprüfstand mit Sumpf-Umlauf-
schmierung und während des Laufes verstellbarer Verdichtung,
Bild 6) wurde in der üblichen Weise mit einer elektrischen
Pendelmaschine gebremst. Die Leistung wurde mit der Tacho-
waage und dem FKFS-Stichdrehzähler, der Brennstoffverbrauch mit geeichten Meßgefäßen mengenmäßig ermittelt.
Der Brennstoffverbrauch konnte durch verstellbare Düsen-
nadeln während des Laufes beliebig eingestellt werden. Die
in das Kurbelgehäuse durchblasende Gasmenge war über-
schlägig an einer Gasuhr, das angesaugte Luftvolumen an
einem Drehkolbengasmesser ablesbar. Die Kühlluft lieferte

Bild 6.
Versuchsaufbau HM 8-Einzylinder luftgekühlt von der Abblasseite
aus gesehen.

ein rasch laufendes Umlaufgebläse, dessen Menge durch Ab-
decken der Ansaugöffnung eingestellt werden konnte. Die
Abmessungen und Werkstoffe des HM 8-Motors und die verwendeten Schmier- und Kraftstoffe waren folgende:

Bohrung. . . . . 105 mm Dmr.

Hub . . . . 116 mm

Hubraum . . . . 1 l

Steuerzeiten: E. ö. 36° v. OT, s. 59° n. UT, Ges.Öffn.Dauer
275°, A. ö. 77° v. UT, s. 29° n. OT, Ges.Öffn.Dauer
286°, Überschneidung 65°.

Zylinderwerkstoff . . . . Perlitguß

Zylinderkopfwerkstoff. . . . . . . Al vergütet

Kolbenwerkstoff . . . . EC 124

Verdichtungsgrad (normal) . . . . $\varepsilon = 6$

Schmierstoff . . . . Intava 120

Kraftstoff . . . . Fliegerbenzin OZ 87

Statischer Druck der Kühlluft vor dem
Zylinder . . . . 250 mm WS

Temperatur der Kühlluft vor dem
  Zylinder . . . . 30° C
Schmierstofftemperatur . . . . . . 55° C
Schmierstoffdruck . . . . 3 atü

Um einen Vergleich bei verschiedenen Belastungen einwandfrei zu gestalten, war es notwendig, diesen Einfluß allein
zu verändern. Es mußten daher Drehzahl und Zündzeitpunkt,
deren Einfluß getrennt untersucht wurde, gleichgehalten und
bei verschiedenen Belastungen bzw. Ladegewichten (Füllung)
und einer gewissen Drosselöffnung jeweils Meßläufe bei bester
Einstellung der Düsen durchgeführt werden. Die Leerlauf-
einstellung war dann gegeben durch die kleinste Drosselöffnung,
die es gestattete, ohne zusätzliche Belastung die Nenndrehzahl
von 3000 U/min zu erreichen. Ebenso wurde bei voll geöffneter
Drossel ein Vollastlauf durchgeführt, und auch bei dazwischen-
liegenden Drosselstellungen einige Meßläufe jeweils bei bester
Düseneinstellung aufgenommen.

Bild 7 zeigt das Ansteigen der motorischen Kennwerte
und Temperaturen beim Belasten von der Leerlaufleistung bis
zur vollen Belastung. Bemerkenswert erscheint zunächst die
hohe Leerlaufleistung ($N_i = 13{,}5$ PS), die der Motor schon
ohne zusätzliche Belastung allein zur Überwindung der am
Einzylinderprüfstand besonders hohen Antriebs- und Strö-
mungswiderstände aufbringen muß (Antriebsleistung $N_4 =$
7,4 PS bei $\varepsilon = 6$, $n = 3000$ U/min und voll geöffneter Drossel,
entsprechend einem notwendigen mittleren Arbeitsdruck von
$p_m = 2{,}22$ kg/cm²).

Infolge dieses hohen notwendigen Ladegewichts liegen
auch die Kolben- und Zylindertemperaturen im Leerlauf verhältnismäßig hoch. Da ferner die Schleppleistung für alle Ein-
stellungen bei gleicher Drehzahl, abgesehen von einer geringen
Erhöhung durch die bei Teillast nur teilweise geöffnete Drossel,
dieselbe bleibt, nimmt der spezifische Verbrauch, bezogen auf
die Nutzleistung (b_e), mit zunehmender Belastung sehr stark ab,
während der spezifische Verbrauch, bezogen auf die innere
Leistung (b_i), nur wenig absinkt. Beide Kurven erreichen in
unserem Falle bei nicht ganz geöffneter Drossel einen Tiefst-
wert.

2*

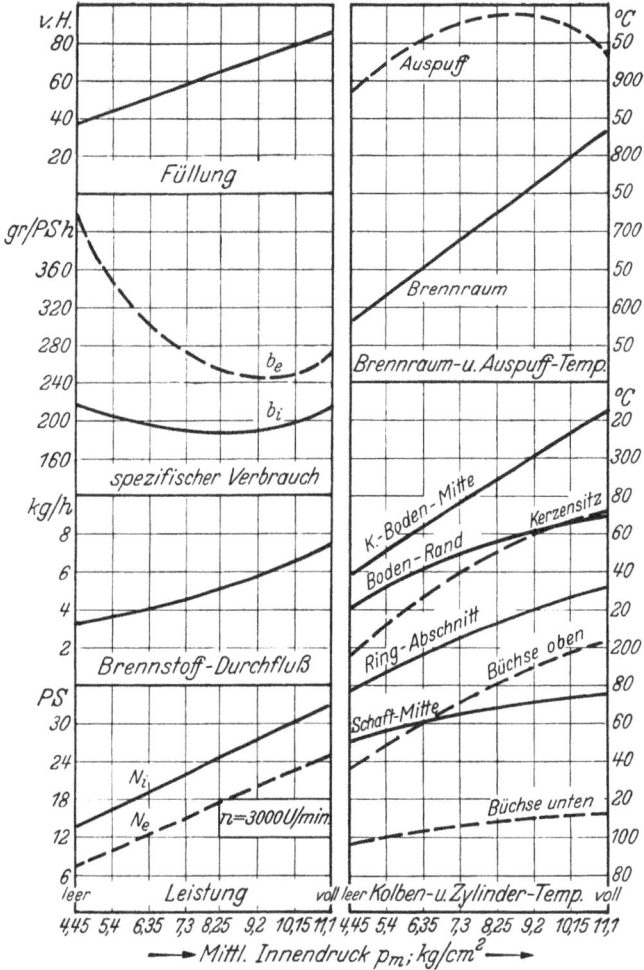

Bild 7.
Motorische Kennwerte und Temperaturen bei verschiedener Belastung
(HM 8-Einzylinder luftgekühlt).

Die Gegenüberstellung der motorischen Kennwerte und Temperaturen bei Vollast ($p_{m_i} = 11$ kg/cm²), ³/₄-Last ($p_{m_i} = 8,25$ kg/cm²) und Leerlauflast ($p_{m_i} = 4,5$ kg/cm²) und ihre verhältige Änderung gegenüber den Vollastwerten zeigt die folgende Aufstellung.

Motorische Kennwerte	Vollast	$^3/_4$-Last	Zu- u. Ab-nahme bezogen auf Vollast	Leer-lauf-last	Zu- u. Ab-nahme bezogen auf Vollast
Drehzahl U/min	3000	3000	—	3000	—
Zündzeitpunkt ^{0} v. OT .	38	38	—	38	—
Mittl. Innendruck kg/cm²	11	8,25	— 25 vH	4,5	— 59 vH
Brennstoffdurch-fluß kg/h	7,6	5,2	— 22 vH	3,1	— 59 vH
Spez. Verbrauch b_i g/PSh	217	188	— 13 vH	217	—
Spez. Verbrauch b_e g/PSh	270	250	— 7,5 vH	420	+ 56 vH
Füllung vH	84	65	— 22 vH	37	— 56 vH
Temperaturen °C					
Brennraum	830	725	— 12 vH	580	— 30 vH
Auspuff	940	990	+ 5,5 vH	860	— 8,5 vH
Kolben					
Bodenmitte	320	288	— 10 vH	240	— 25 vH
Bodenrand	270	257	— 5 vH	222	— 18 vH
Ringabschnitt . . .	232	214	— 8 vH	176	— 24 vH
Schaftmitte	176	168	— 5 vH	152	— 14 vH
Zylinder					
Kerzensitz	272	252	— 7,5 vH	195	— 28 vH
Büchse oben	203	182	— 10 vH	136	— 33 vH
Büchse unten . . .	112	108	— 3,5 vH	96	— 14 vH

Wie zu erwarten, fallen die Leistungen, ausgedrückt im mittleren Innendruck p_{m}, etwa wie die Ladegewichte (Füllungen) ab. Zufolge des abnehmenden Wärmeeinfalles auf die Wandungen nehmen, allerdings langsamer als der mittlere Druck, auch die Motortemperaturen ab, vor allem am Kopf (Kerzensitz), in der Kolbenbodenmitte und im Ringabschnitt, wo die Aufheizung durch vorbeistreichende Verbrennungsgase immer geringer wird.

2. Mit Aufladung.

Die Ladegewichte erreichen bei den heute für Flugmotoren üblichen Kolbengeschwindigkeiten von 11 bis zu 13 m/s etwa 75 bis 85 vH des Luftgewichtes, das dem vom Kolben bestrichenen Raum entspricht. Dieses Luftgewicht (Füllung) gibt ein unmittelbares Maß der zu erwartenden Leistung. Das Bestreben, die Leistungsgewichte zu erniedrigen, zwingt jedoch dazu, über die durch geeignete Formgebung von Vergaser- und Ventilquerschnitten erreichbare Füllung hinaus von der Aufladung Gebrauch zu machen. Wie sich dabei die

Kolbentemperaturen verhalten, zeigen Versuche, die im FKFS an dem auf Seite 17 beschriebenen Hirth-Einzylindermotor durchgeführt worden sind und die als Fortsetzung des im vorigen Abschnitt untersuchten Einflusses des Ladegewichtes ohne Aufladung betrachtet werden können (8).

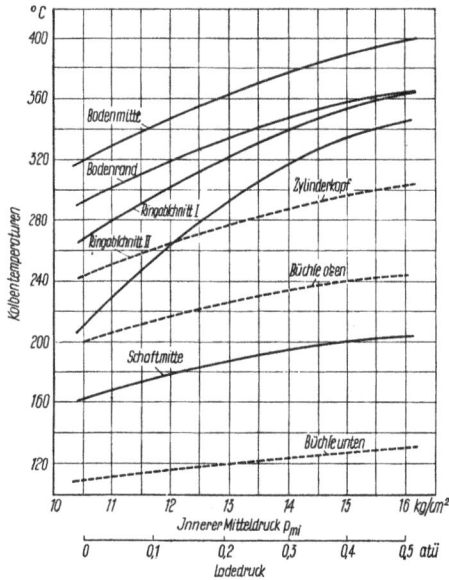

Bild 8. Kolben- und Zylindertemperaturen bei Aufladung (HM 8-Einzylinder luftgekühlt).

Der Motor wurde bis zu 0,5 atü aufgeladen mit einem fremd angetriebenen Gebläse, welches eine Rückkühlung der verdichteten Ladeluft erlaubte. Der Kühlluftstaudruck betrug hierbei, abweichend von den bisherigen Bedingungen, 320 mm WS. Die Zunahme der Leistungen, Ladegewichte und Temperaturen bei Aufladung zeigt die folgende Zahlentafel:

Ladedruck atü	Ladeluftgewicht kg/min	Innere Leistung PS	Höchste Motortemperatur °C	Gasdurchlaß m³/h
0	1,52	35,2	320	0,6
0,1	1,12 · 1,52	1,11 · 35,2	1,04 · 320	1,5 · 0,6
0,2	1,22 · 1,52	1,20 · 35,2	1,12 · 320	3,0 · 0,6
0,3	1,35 · 1,52	1,33 · 35,2	1,18 · 320	4,0 · 0,6
0,4	1,44 · 1,52	1,42 · 35,2	1,21 · 320	5,2 · 0,6
0,5	1,52 · 1,52	1,50 · 35,2	1,24 · 320	7,2 · 0,6

Wiederum ist, wie zu erwarten, die Leistung verhältig dem Ladeluftgewicht angestiegen. Trotz der höheren hinein- und hindurchgespülten Frischluftmenge, von der man vielleicht eine Kühlwirkung hätte erwarten können, hat sich aber infolge des stärkeren Wärmeeinfalls auf den Kolbenboden das Temperaturgefälle im Kolben vergrößert, bei nur wenig steigenden Zylinderwandtemperaturen (Bild 8).

Auffallend ist der übermäßige Temperaturanstieg im Ringabschnitt. Dieser ist durch den mit dem Druck im Verbrennungsraum anwachsenden Kolbengasdurchlaß zu erklären. Durch den hohen Gasdruck gelangen die Verbrennungsgase tiefer in die Ringzone und heizen Ringe und Kolben auf. Wie das Meßblatt zeigt, bildet der oberste Kolbenring bei hoher Aufladung dem unter ihm befindlichen Teil des Kolbens keinen Schutz mehr.

C. Einfluß der Gemischzusammensetzung.

Die Verbrennung und damit die Leistung eines Motors erreicht bei sonst gleichen Bedingungen über einem bestimmten Brennstoffdurchfluß, der wiederum einem gewissen Luftüberschuß entspricht, einen Bestwert. Wird der Durchfluß erhöht (Anreicherung), so tritt eine Leistungsabnahme, verbunden mit erhöhtem spezifischem Verbrauch ein. Dagegen bewirkt eine Verminderung des Brennstoffdurchflusses (Abmagerung) zwar auch eine Leistungsabnahme, aber zunächst noch eine Senkung des spezifischen Verbrauchs. Diese Abmagerung wird im »Sparbetrieb« für niedrigen Brennstoffverbrauch angewandt. Wie die Leistung erreicht auch die Brennraumtemperatur bei etwa demselben Durchfluß einen Höchstwert, während die Auspufftemperatur infolge der sich immer mehr verzögernden Verbrennung mit zunehmender Abmagerung weiter ansteigt.

Die Versuche wurden am Hirth HM 8-Einzylindermotor von 105 mm Bohrung unter den auf Seite 18 beschriebenen Versuchsbedingungen durchgeführt. Die bei voll geöffneter Drossel und geändertem Brennstoffdurchfluß gemessenen motorischen Kennwerte sowie die aufgenommenen Temperaturen lassen erkennen, wie weit sich eine Abmagerung oder Überfettung des Gemisches auf die Kolben- und Zylindertemperaturen aus-

wirkt, bzw. zur Kühlung des Motors, insbesondere des Kolbens,
herangezogen werden kann (Bild 9).

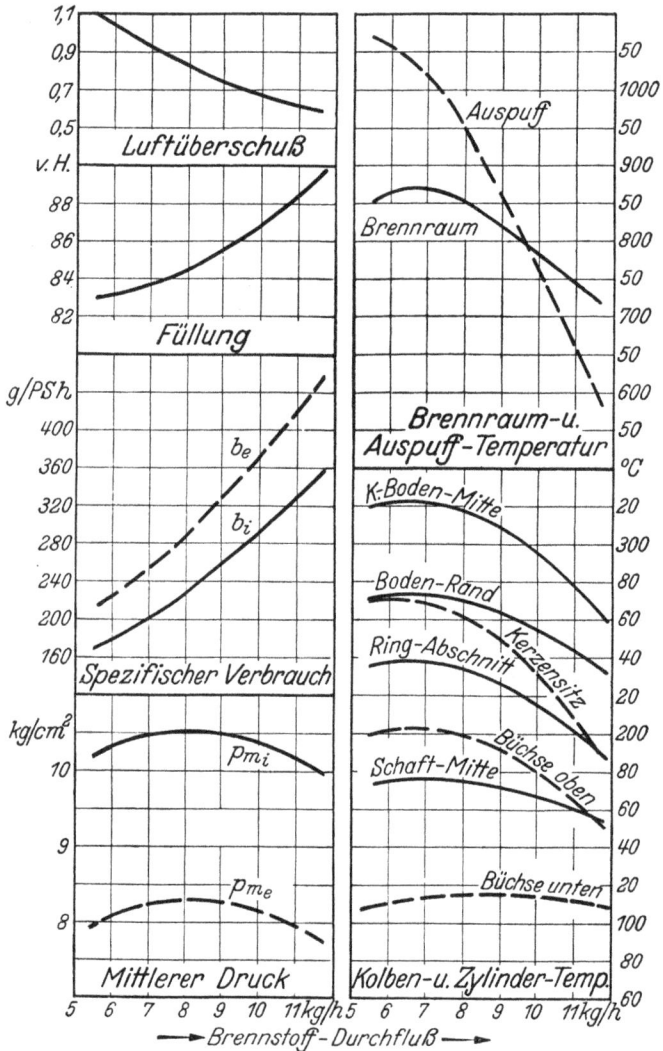

Bild 9.
Motorische Kennwerte und Temperaturen in Abhängigkeit der Gemischzusam-
mensetzung (IIM 8-Einzylinder luftgekühlt).

Bezogen auf die Bestleistung bei einem Durchfluß von 7,6 kg/h ändern sich die motorischen Kennwerte und Temperaturen bei einer Abmagerung auf 6,05 kg/h (—20 vH) bzw. einer Anreicherung auf 11,4 kg/h (+50 vH) wie folgt:

Motorische Kennwerte	Bestleistung	Abmagerung	Zu- und Abnahme bez. auf Bestl.	Anreicherung	Zu- und Abnahme bez. auf Bestl.
Drehzahl U/min	3000	3000	—	3000	—
Zündzeitpunkt ⁰ v. OT .	38	38	—	38	—
Brennstoffdurchfluß kg/h	7,6	6,05	— 20 vH	11,4	+ 50 vH
Mittl. Innendruck kg/cm²	10,5	10,3	— 2 vH	10,1	— 4 vH
Spez. Verbrauch					
b_i g/PSh	217	175	— 19 vH	345	+ 60 vH
Füllung vH	84	83	— 1,5 vH	89	+ 6 vH
Luftüberschuß	0,82	1,0	+ 22 vH	0,6	— 27 vH
Temperaturen ⁰ C					
Brennraum	830	810	— 2,5 vH	650	— 22 vH
Auspuff	930	1005	+ 8 vH	570	— 39 vH
Kolben					
Bodenmitte	320		—	270	— 16 vH
Bodenrand	271		—	238	— 12 vH
Ringabschnitt	236		—	196	— 17 vH
Schaftmitte	174		—	157	— 10 vH
Zylinder					
Kerzensitz	268		—	196	— 27 vH
Büchse oben	200		—	158	— 21 vH
Büchse unten	114		—	110	— 4 vH

Über einem großen Gemischbereich bleiben die Motortemperaturen unverändert, wobei allerdings zu bemerken ist, daß die Abmagerung am Einzylinderprüfstand nicht bis zu dem im Betrieb am Mehrzylindermotor üblichen Maß getrieben werden kann, da der Einzylindermotor schon früher unstabil wird und Unregelmäßigkeiten in der Verbrennung zeigt, die sich bei mehreren Zylindern noch ausgleichen können. Über die Verbesserung des thermischen Wirkungsgrades bei höherem Luftüberschuß (Abmagerung) berichtet Hecker (7).

Überfettung bringt zwar eine kräftige Senkung von Brennraum-, Auspuff- und Wandtemperaturen und somit auch eine wirkungsvolle Kolbenkühlung, aber nur mit dem Opfer eines rasch ansteigenden Brennstoffverbrauchs. Dieses Mittel wird daher wohl nur bei kurzzeitiger Überbelastung zur Kühlung des Brennraumes herangezogen werden.

D. Einfluß der Kraftstoff-Zusammensetzung.

Neben der Überfettung des Gemisches bietet auch die Zusammensetzung des Kraftstoffes ein Mittel, die Kolbentemperaturen herabzusetzen. Jeder Kraftstoff entzieht bei der Verdampfung seiner Umgebung Wärme. Diese Verdampfungswärme ist nun, wie folgende kurze Aufstellung zeigt, bei den einzelnen Grundkraftstoffen, aus denen sich die üblichen Betriebsstoffe zusammensetzen, verschieden (8).

Kraftstoffe	Verdampfungswärme kcal/kg	unterer Heizwert kcal/kg
Oktan ⎫ Aromaten . . .	71	11 600
Pentan ⎭	86	11 619
Toluol ⎫ Aliphaten . . .	86	10 166
Benzol ⎭	95	10 026
Äthylalkohol	216—230	7 140
Methylalkohol	291	5 300

Durch Zusatz eines Kraftstoffes mit hoher Verdampfungswärme, z. B. Alkohol, kann bei sonst gleichen Bedingungen, insbesondere einer dem jeweiligen Mindestluftbedarf entsprechenden Luftüberschußzahl, die mittlere Brennraumtemperatur gesenkt werden. Und da diese ein Maß für die Wärmebeaufschlagung des Kolbens bildet, wäre damit auch eine Kühlung des Kolbens erreicht. Außerdem kann die Klopfgrenze hinaufgeschoben werden. Denn es hat sich auch gezeigt, daß klopffestere Kraftstoffe in einem Gebiet, wo andere Kraftstoffe schon zum Klopfen neigen, grundsätzlich niedrigere Brennraum- und Kolbentemperaturen vor allem am Kolbenboden aufweisen, während im klopffreien Gebiet zwischen den Kraftstoffen hinsichtlich der Temperaturen kaum Unterschiede festzustellen sind.

Oft wird auch ein Zusatz von Wasser mit seiner hohen Verdampfungswärme von 539 kcal/kg zur Herabsetzung der Kolbentemperaturen und zum Hinausschieben der Klopfgrenze empfohlen. Doch bringt eine solche Innenkühlung des Motors wohl in jedem Falle Nachteile mit sich, die in dem niedrigen Heizwert der meisten Zusätze begründet sind und die sich in höherem spezifischem Verbrauch äußern. Infolge der hohen

Verdampfungswärme sind auch Schwierigkeiten beim Anlassen entstanden.

Aus diesen Gründen wird eine Kolbenkühlung durch Zusatz von Stoffen mit hoher Verdampfungswärme zum Kraftstoff nur als Hilfsmittel in Fällen höchster thermischer Belastung, z. B. beim Abheben des Flugzeugs, und auch dann nur für kurze Zeit herangezogen werden können.

E. Einfluß des Zündzeitpunktes.

Die Versuche über den Einfluß verschiedener Vorzündung bei konstantem Brennstoffdurchfluß und gleichbleibender Drehzahl wurden ebenfalls am HM 8-Einzylindermotor unter den auf Seite 18 angegebenen Bedingungen durchgeführt.

Wird der Zündzeitpunkt bei einer gegebenen Drehzahl immer mehr vorverlegt, so steigt die Leistung zunächst auf einen Höchstwert an und fällt dann mit fortschreitender Vorzündung wieder ab. Der spezifische Verbrauch hingegen erreicht an der Stelle der Bestleitung seinen niedrigsten Wert und steigt sowohl mit zu- wie mit abnehmender Vorzündung wieder an (Bild 10).

Überraschend ist zunächst das starke Ansteigen aller Temperaturen mit zunehmender Vorzündung auch über den Wert der Bestzündung hinaus, mit Ausnahme der langsam absinkenden Auspufftemperatur. Das Ansteigen der Brennraumtemperatur und damit der Kolben- und Wandungstemperaturen bei übermäßiger Vorzündung wird damit zusammenhängen, daß die Verbrennung noch während des Verdichtungshubes, also bei abnehmendem Volumen, stattfindet. Dem Verbrennungsvorgang wird hierbei noch äußere (Verdichtungs-)Energie zugeführt, die ein derartiges Aufheizen der Brenngase und Ansteigen der Brennraum- und Wandtemperaturen hervorrufen kann, daß die Verbrennung sehr schnell, unter Umständen sogar klopfend erfolgt. Dabei sinkt die mittlere Abgastemperatur, weil die Verbrennung im Brennraum schon früh beendet ist. Dagegen wird bei verspäteter Zündung die Brennzeit verkürzt, so daß ein Nachbrennen des Gemisches im Auspuff und ein Steigen der Auspufftemperatur eintritt.

Über den Wert der Bestzündung hinaus treten mit zunehmender Vorzündung infolge des frühen Druckanstieges außerdem starke Triebwerksverluste auf, die sich in absinkendem Arbeitsdruck und zunehmendem spezifischem Verbrauch äußern.

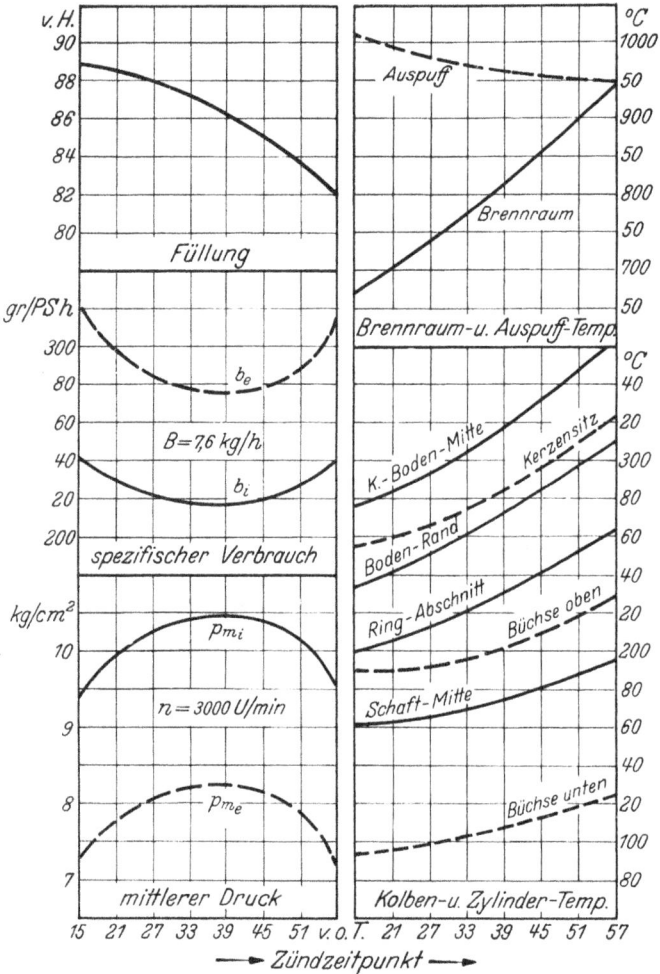

Bild 10.
Motorische Kennwerte und Temperaturen in Abhängigkeit vom Zündzeitpunkt
(HM 8-Einzylinder luftgekühlt).

Die folgende Zahlentafel zeigt die verhältige Änderung der motorischen Kennwerte und Temperaturen bezogen auf die Besteinstellung der Zündung (38° v. OT), bei Spät- (15° v. OT) und bei Frühzündung (55° v. OT):

Motorische Kennwerte	Best-zündg.	Spät-zündg.	Zu- und Abnahme bez. auf Bestzündg.	Früh-zündg.	Zu- und Abnahme bez. auf Bestzündg.
Zündzeitpunkt ° v. OT .	38°	15°	—	55°	—
Drehzahl U/min	3000	3000	—	3000	—
Brennstoffdurch-fluß kg/h	7,6	7,6	—	7,6	—
Mittl. Innendruck kg/cm²	10,5	9,3	— 11,5vH	9,7	— 7,5 vH
Spez. Verbrauch b_i g/PSh	217	242	+ 12 vH	236	+ 9 vH
Füllung vH	84	87	+ 4 vH	81,5	— 3 vH
Temperaturen °C					
Brennraum	830	670	— 19 vH	930	+ 12 vH
Auspuff	930	1015	+ 9 vH	920	— 1 vH
Kolben					
Bodenmitte	320	278	— 13 vH	359	+ 12 vH
Bodenrand	273	235	— 14 vH	306	+ 12 vH
Ringabschnitt	233	200	— 14 vH	260	+ 11,5vH
Schaftmitte	176	162	— 8 vH	193	+ 9,5vH
Zylinder					
Kerzensitz	280	253	— 9,5 vH	320	+ 14 vH
Büchse oben	205	190	— 7 vH	225	+ 10 vH
Büchse unten	109	93	— 14 vH	125	+ 15 vH

Man erkennt, daß bei zunehmender Vorzündung die Motortemperaturen sehr stark in die Höhe gehen, mit einem Zurückverlegen der Zündung aber eine Temperatursenkung im Kolben und im Zylinder mit einer geringeren Erhöhung des Brennstoffverbrauches verbunden ist, als dies z. B. bei Überfettung der Fall war. Indessen muß auch bei Spätzündung eine größere Leistungseinbuße als bei Überfettung in Kauf genommen werden.

F. Einfluß der Drehzahl.

Unter Voraussetzung gleichen zugeführten Luftgewichtes und gleichbleibender mechanischer Verluste würde mit steigender Drehzahl der mittlere Innendruck derselbe bleiben, die Leistung als allein abhängig von der Drehzahl ansteigen. Die innere Hubraumleistung wäre dann gegeben durch

$$\frac{N_{h_i}}{V_h} = K \cdot n \; (K = \text{Konstante}).$$

Tatsächlich steigt allerdings die Leistung langsamer an, weil mit steigender Drehzahl die Füllung und damit auch der mittlere Druck p_{m_i} kleiner werden.

Bedeuten

n Drehzahl,

$t_g (\varphi)$ Temperatur der Gase beim Kurbelwinkel φ,

$k (\varphi, n)$ Wärmeübergangszahl beim Kurbelwinkel φ,

t_k Temperatur im Kolbenboden,

so geht bei der Kurbelstellung φ im Zeitelement dt die Wärmemenge

$$dQ = F \cdot k (\varphi, n) \, [t_g (\varphi) - t_k] \, dt$$

in den Kolbenboden über (9). Nimmt man an, daß die Temperaturen t_g und t_k unabhängig von der Drehzahl wären, so wird die je Arbeitsspiel übergehende Wärmemenge mit $d\varphi = \dfrac{\pi \cdot n}{30} \cdot dt$

$$Q = \frac{30}{\pi \cdot n} \cdot F \int\limits_{\varphi = 0}^{\varphi = 2a} k (\varphi, n) \cdot [t_g (\varphi) - t_k] \, d\varphi.$$

Dabei ist a eine Größe, die vom Arbeitsverfahren abhängig ist, beim Zweitaktverfahren 1, beim Viertaktverfahren 2 ist. Auf die Zeiteinheit bezogen ergibt sich

$$Q = \frac{30}{\pi \cdot a} \cdot F \int\limits_{\varphi = 0}^{\varphi = 2\pi a} k (\varphi, n) \cdot [t_g (\varphi) - t_k] \, d\varphi.$$

Unter den genannten Voraussetzungen besagen diese beiden Gleichungen, daß die je Arbeitsspiel auf Kolben- und Zylinderwand einfallende Wärmemenge im umgekehrten Verhältnis der Drehzahlen abnimmt, auf die Zeiteinheit bezogen jedoch unabhängig von der Drehzahl ist.

Zunächst seien die Versuchsergebnisse, die unter den auf Seite 18 beschriebenen Bedingungen am HM 8-Einzylindermotor über den Einfluß der Drehzahl auf die Motortempera-

turen durchgeführt wurden, kurz wiedergegeben (Bild 11). Bei
drei Drehzahlen (2000, 2500 und 3000 U/min) wurde jeweils auf

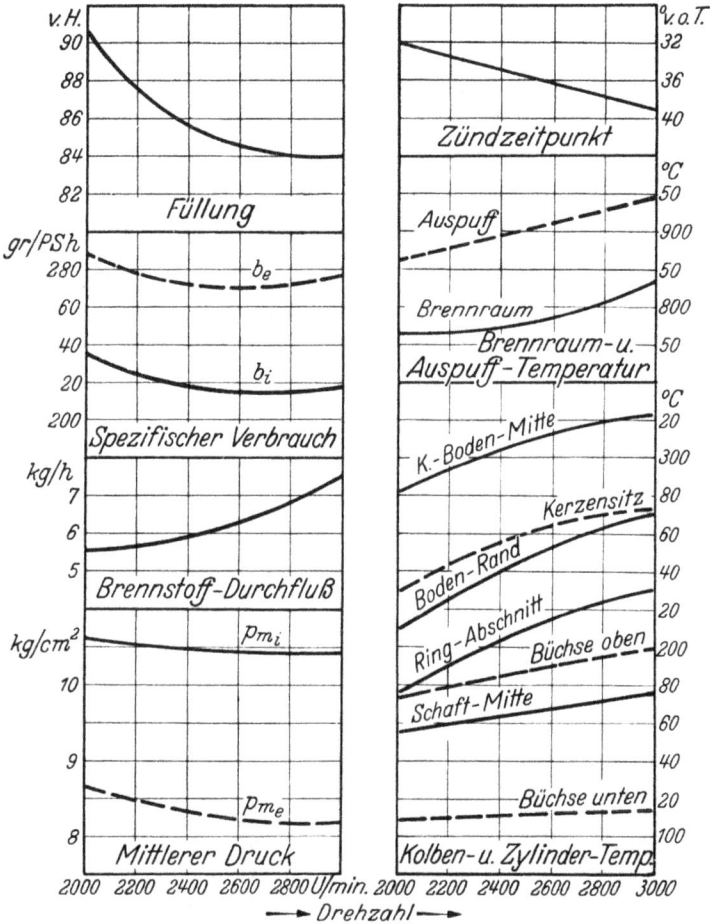

Bild 11.
Motorische Kennwerte und Temperaturen in Abhängigkeit der Drehzahl
(IIM 8-Einzylinder luftgekühlt).

Bestleistung, d. h. günstigsten Wert von Zündung und Düsenöffnung eingestellt.

Man erkennt ein Ansteigen der Brennraum- und Auspuff-
sowie der Wandtemperaturen mit zunehmender Drehzahl trotz

des wegen der schlechter werdenden Füllung — abnehmenden mittleren Drucks, dessen Verlauf im übrigen durch die gleichbleibende Einstellung der Steuerzeiten bedingt ist. Besonders stark steigen die Kolbentemperaturen im Ringabschnitt an. Die verhältige Zunahme der motorischen Kennwerte und Temperaturen bei 2500 U/min und 3000 U/min bezogen auf die Verhältnisse bei der Ausgangsdrehzahl 2000 U/min zeigt die folgende Zahlentafel.

Motorische Kennwerte	2000 U/min	2500 U/min	Zu- und Abnahme bez. auf 2000 U/min + 25 vH	3000 U/min	Zu- und Abnahme bez. auf 2000 U/min + 50 vH
Zündzeitpunkt ⁰ v. OT .	32	35	—	38	—
Mittl. Innendruck kg/cm²	10,6	10,45	— 1,5 vH	10,5	— 1 vH
Innere Leistung PS . .	21,2	26,1	+ 23 vH	30,8	+ 46 vH
Brennstoffdurch- fluß kg/h	5,6	6,1	+ 9 vH	7,6	+ 35 vH
Spez. Verbrauch g/PSh	234	215	— 8 vH	217	— 7,5 vH
Füllung	90,5	85	— 6 vH	84	— 7 vH
Temperaturen ⁰C					
Brennraum	765	775	—	830	+ 9 vH
Auspuff	860	900	+ 5 vH	945	+10 vH
Kolben					
Bodenmitte	282	310	+10 vH	320	+13 vH
Bodenrand	210	247	+18 vH	270	+29 vH
Ringabschnitt . . .	175	210	+20 vH	230	+31 vH
Schaftmitte	155	165	+ 7 vH	176	+13 vH
Zylinder					
Kerzensitz	229	260	+13 vH	273	+19 vH
Büchse oben	173	187	+ 8 vH	200	+16 vH
Büchse unten : . . .	109	112	+ 3 vH	114	+ 5 vH

Nach der oben angeführten Überlegung müßte sich die bei Erhöhung der Drehzahl steigende Wärmezufuhr im Brennstoff bei gleichbleibender Kühlwärme in einer Verschiebung der Wärmebilanz auswirken. Bei Verdoppelung der Drehzahl z. B. wird die doppelte Wärmemenge im Brennstoff in der Zeiteinheit zugeführt. Wenn die vom Kühlmittel aufgenommene Wärme aber gleich bliebe, müßte der Anteil der Kühlmittelwärme in der Wärmebilanz, bezogen auf die zugeführte Brennstoffwärme (100 vH), auf die Hälfte sinken und der Anteil der Abgaswärme entsprechend steigen.

Wie bei verschiedenen Drehzahlen aufgenommene Wärmebilanzen aber zeigen, sinkt der Anteil der Kühlmittelwärme bei Verdoppelung der Drehzahl von beispielsweise 24 vH nicht auf 12 vH, sondern nur etwa auf 20 vH ab. Weiterhin steigen, wie auch die oben wiedergegebenen Versuchsergebnisse zeigen, die Brennraum- und Wandungstemperaturen, und zwar die Brennraumtemperaturen rascher und die Wandungstemperaturen langsamer als die Drehzahl (Woydt (10) und Baker (11)). Außerdem weisen Versuche an geometrisch ähnlichen Zylindern von verschiedener Größe und gleicher Kolbengeschwindigkeit mit steigender Drehzahl auf eine Zunahme der Wärmeübergangszahl hin (vgl. David (4), Janeway (12), Pinke (13)).

Tatsächlich ändern sich auch mit steigender Drehzahl eine Reihe von Voraussetzungen, die im folgenden kurz zusammengestellt sind, wobei aber nur in einem Fall schon etwas über den mengenmäßigen Einfluß ausgesagt werden kann.

1. Bei zunehmender Drehzahl wird die Gasbewegung lebhafter, es tritt eine stärkere Durchwirbelung des Gemisches ein, wodurch der Wärmeübergang an die den Verbrennungsraum umgebenden Wände erhöht wird. Zur Bestimmung der gasseitigen mittleren Wärmeübergangszahl α_g bei gleichbleibendem Zylinderdurchmesser nimmt man die Ähnlichkeitsbeziehung

$$N_u = \Phi\,(P_e)$$

zu Hilfe mit der Nusseltschen Kennzahl $N_u = \dfrac{\alpha_g \cdot l}{\lambda_g}$ und der Pecletschen Kennzahl

$$P_e = \frac{w_g \cdot l}{a_g} = \frac{w_g \cdot l \cdot c_g \cdot \gamma_g}{\lambda_g}.$$

Dabei ist $a_g = \dfrac{\lambda_g}{c_g \cdot \gamma_g}$ die Temperaturleitzahl mit λ_g als Wärmeleitzahl des Gases, γ_g als spezifischem Gewicht des Gases und w_g als einer kennzeichnenden Geschwindigkeit des Gasinhaltes. Alle Größen sind über einem Arbeitsspiel ermittelt. Die Funktion Φ läßt sich als Potenzfunktion darstellen $N_u = C'\,(P_e)''$ oder auch

$$\alpha_g = C' \frac{\lambda_g}{l} \left(\frac{w_g \cdot l \cdot c_g \cdot \gamma_g}{\lambda_g} \right)'' = C' \cdot w_g{}'' \cdot \left(\frac{1}{\lambda_g} \right)''^{-1} \cdot (c_g \cdot \gamma_g)''.$$

Für den Wärmeübergang im geraden Rohr von kreisförmigem Querschnitt fand Nusselt (21) durch Versuche den Wert

$\mu = 0.8$, der auch für die vorliegenden Verhältnisse zugrunde gelegt sei.

α_g nimmt also bei den als unveränderlich betrachteten Werten c_g, γ_g und λ_g, d. h. unter Voraussetzung gleichen Verbrennungsablaufes, mit zunehmendem w_g, also steigender Drehzahl n, zu.

$$\frac{\alpha_{g_1}}{\alpha_{g_0}} = \left(\frac{n_1}{n_0}\right)^{0,8}.$$

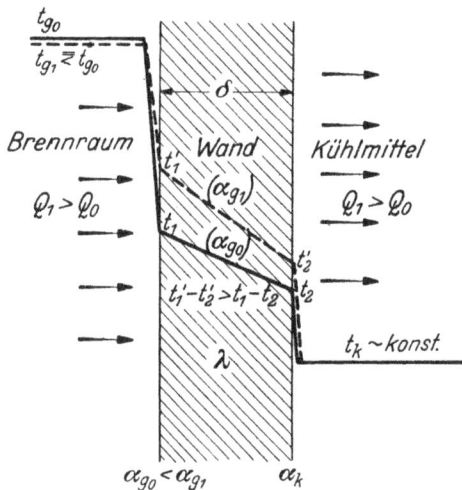

Bild 11 a.
Schematische Darstellung des Temperaturverlaufes bei Erhöhung der gasseitigen Wärmeübergangszahl von α_{g_0} auf α_{g_1}.
Wärmedurchgang insgesamt

$$k = \frac{1}{\dfrac{1}{\alpha_g} + \dfrac{\lambda}{\lambda} + \dfrac{1}{\alpha_k}}.$$

Die Zunahme der Wärmeübergangszahl erfolgt mit $\mu = 0,8$ langsamer als die Drehzahlsteigerung. Da nun die Leistung N (wenn p_m unverändert) verhältig der Drehzahl n und die übergehende Wärmemenge Q (wenn ΔT, λ_k und α_k unverändert) verhältig der Wärmedurchgangszahl k bzw. der Wärmeübergangszahl α_g ist, k aber langsamer als n ansteigt, werden auch die übergehende Wärmemenge Q und die Wandtemperaturen langsamer als die Leistung N ansteigen (Bild 11a). Dies tritt auch dann ein, wenn p_m und damit N entsprechend dem schlechter werdenden volumetrischen Wirkungsgrad abnehmen, weil im gleichen Maße auch die abzuführende Wärmemenge Q zurückgeht und somit die Beziehung zwischen Q und N unverändert bleibt. Der Versuch bestätigt die Rechnung: Die Wandungstemperaturen nehmen langsamer zu als die Drehzahl (Bild 11).

So ist wohl das Steigen der Wandtemperaturen infolge des höheren Wärmeeinfalls, nicht aber das in Versuchen beobachtete Ansteigen der Brennraumtemperatur erklärt. Denn diese müßte, wenn keine weiteren Einflüsse vorhanden wären, im Maß der dem Verbrennungsraum mehr entzogenen Wärme — unter Berücksichtigung des etwas geringeren Temperaturgefälles auf der Gasseite — absinken. Da sie aber, wie auch die beschriebenen Versuche bestätigen, mit wachsender Drehzahl steigt, müssen noch weitere Einflüsse beteiligt sein.

2. Mit zunehmender Drehzahl steigt auch die Frequenz der Wärmebeaufschlagung. Es wäre zu untersuchen, ob dadurch eine Veränderung des Wärmeflusses in den Wandungen auftritt.

Nimmt man an, daß z. B. durch Einwirkung eines Verbrennungsablaufes die Oberflächentemperatur an einem als einseitig unendlich ausgedehnt angesehenen Körper in periodische Schwankungen nach Art einer harmonischen Schwingung (sin oder cos z. B.) versetzt wird, so ist die Gleichung des Temperaturfeldes gegeben durch (2)

$$\tau = \tau_{0_M} e^{-x\sqrt{\frac{\pi}{a \cdot t_0}}} \cos\left(x\sqrt{\frac{\pi}{a \cdot t_0}} - \frac{2\pi}{t_0} \cdot t\right) \quad \ldots \ldots (1)$$

worin

τ = Temperatur an irgendeiner Stelle,

τ_{0_M} = höchster Ausschlag der Temperatur an der Oberfläche,

a = Temperaturleitfähigkeit,

t = Zeit von einem beliebigen Nullpunkt an gezählt,

t_0 = Dauer einer ganzen Periode.

Hierbei ist eine gleichbleibende mittlere Temperatur in der Wandung, also kein Wärmefluß angenommen. Über-

lagert man nun diesen Temperaturschwingungen, die übrigens
den Schwingungen der Umgebungstemperatur um einen gewissen Betrag nachhinken und auch geringere Amplituden
aufweisen als diese, ein Temperaturgefälle in der Wand, so
muß, da die durchfließende Wärmemenge unmittelbar verhältig dem Temperaturgefälle ist, zu dem obigen Ausdruck
noch ein von der Frequenz unabhängiges Glied der Form
$\tau^* = A \cdot x + B$ hinzutreten. Die
Temperatur τ' an einem beliebigen
Punkt wäre dann gegeben durch
(Bild 11 b)
$$\tau' = \tau + \tau^*.$$

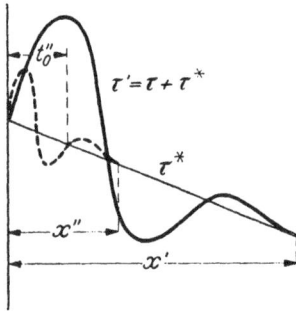

Bild 11 b.

Aus Gleichung (1) folgt zunächst,
daß τ mit höherer Frequenz, mithin kleinerem t_0 auf alle Fälle
sinkt, und somit auch die Temperaturwellen kleiner werden. Nun
erzeugt aber die Temperaturschwin-
gung an der Oberfläche keinen
Wärmefluß durch die Wand, sondern nur ein Speichern und
Wiederabklingen von Wärme, während für den Wärmefluß
durch die Wand allein das Temperaturgefälle maßgebend ist.
Nach dieser Betrachtung ist aber nicht anzunehmen, daß eine
Abhängigkeit der mittleren Oberflächentemperatur und damit
des Temperaturgefälles von der Frequenz der Beaufschlagung
vorhanden ist. Man könnte versucht sein, auch in der Messung
der Brennraumtemperatur mit dem in Bild 1 dargestellten
Ni-NiCr-Element, einen Fehler durch den Einfluß der Beaufschlagungsfrequenz zu vermuten. Da aber das in den Brennraum ragende Strahlungsschutzrohr, verglichen mit den Wandungen, nach außen außerordentlich gut isoliert ist, wird im
Elementkopf ein reines Auf- und Abklingen der Wärme, fast
nach Art der Oberflächenschwingung ohne Temperaturgefälle
und Wärmefluß auftreten, das um eine mittlere Temperatur
herumpendelt, die somit von der Beaufschlagungsfrequenz unabhängig sein wird.

Abgesehen davon läßt sich aber auch die Eindringtiefe
der Temperaturwellen überblicken. Um zu finden, in welcher
Tiefe x die Temperaturausschläge auf den νten Teil ihres

Oberflächenwertes abgenommen haben, d. h. um zu ent-
scheiden, ob ein Körper genügend dick ist, daß er für die
Rechnung als unendlich dick aufgefaßt werden darf, gibt
Gröber (2) für den einseitig unendlich ausgedehnten Körper
eine Beziehung an:

$$x_\nu = \sqrt{\frac{a \cdot t_0}{\pi} \cdot \frac{\log \nu}{\log e}} = \sqrt{a \cdot t_0} \cdot f(\nu).$$

Ist $1/\nu' = {}^1/_{100}$, so wird $f(\nu) = 2{,}599$. Ist die Temperaturleitfähigkeit a und die Dauer einer Periode t_0 bekannt, so ist
der Ausdruck $\sqrt{a \cdot t_0}$ bestimmt. Er ist von der Dimension
einer Länge, stellt also eine Strecke dar.

Beispiel: In welcher Tiefe sind die Temperaturschwingungen, die an der Oberfläche 30^0 erreichen sollen (2, 3, 14) auf
ihren 100. Teil, also $0{,}3^0$ abgeklungen?

Kolben: $n = 3000$ U/min: $x_{100} = 2{,}599 \cdot 1{,}49 \quad = 3{,}9$ mm
$(a \sim 0{,}2)$ $n = 2000$ »   : $x_{100} = 2{,}599 \cdot 1{,}83 \quad = 4{,}8$ »

Zylinder: $n = 3000$ »   : $x_{100} = 2{,}599 \cdot 0{,}745 = 1{,}9$ »
$(a \sim 0{,}05)$ $n = 2000$ »   : $x_{100} = 2{,}599 \cdot 0{,}91 \quad = 2{,}4$ »

Die Temperaturen klingen also sehr rasch ab.

3. Mit der Drehzahl steigt ferner die Reibungsarbeit. Versuche über Antriebsverluste haben in diesem Bereich ein der
Drehzahl etwa verhältiges Ansteigen der Kolben- und Kolben-
ringreibung ergeben. Die z. B. bei Verdoppelung der Reibungsarbeit zusätzlich frei werdende Wärme wird sich dem Kolben,
den Wandungen und damit auch teilweise dem Brennraum
mitteilen und zu deren Temperaturerhöhung beitragen.

4. Mit steigender Drehzahl wird die zum Ausschieben der
Brenngase verfügbare Zeit immer kürzer. Es wäre möglich,
daß infolge einer gewissen Trägheit der Gassäule durch unvoll-
kommenes Ausschieben bei höheren Drehzahlen ein größerer
Restgasanteil im Verbrennungsraum zurückbleibt, der einerseits die Füllung und den mittleren Druck herabsetzen, andererseits aber auch vermöge seiner hohen Temperatur das Frisch-
gemisch schon beim Einströmen aufheizen und so die mittlere
Brennraumtemperatur und die Wandtemperaturen erhöhen
könnte. Doch dürfte eine solche Verschlechterung im Aus-

schieben weniger beim Viertaktverfahren mit seinen langen Aus-
schubzeiten, als beim Zweitaktverfahren zu erwarten sein.

5. Endlich muß noch auf die Möglichkeit hingewiesen
werden, daß sich der Verbrennungsablauf über der Kurbeldrehung mit zunehmender Drehzahl verschiebt, vielleicht zurückbleibt und bei anderen Volumen- und Druckverhältnissen
stattfindet. Es ist anzunehmen, daß damit eine Veränderung
des Temperaturverlaufes über der Kurbeldrehung verbunden
ist, die sich dann auch auf die mittleren Brennraumtemperaturen auswirken würde. Eine nähere Betrachtung dieses Einflusses, soweit er überhaupt schon übersehbar ist, würde jedoch über den Rahmen dieser Arbeit hinausgehen.

Über das Wachsen des indizierten und des thermischen
Wirkungsgrades mit der Drehzahl berichten David (4), Hecker
(7) und Janeway (12). Im vorliegenden Drehzahlbereich konnte
jedoch eine nennenswerte Steigerung des Luftüberschusses,
die auf eine solche Verbesserung der Verbrennung infolge
höherer Durchwirbelung hätte hindeuten können, nicht mit
Sicherheit festgestellt werden.

G. Einfluß der Verdichtung.

Mit steigender Verdichtung wird grundsätzlich die Verbrennung verbessert. Der in Arbeit umgesetzte Teil der im
Kraftstoff zugeführten Energie wird größer, der thermische
Wirkungsgrad steigt, so daß die Menge der in den Wandungen
oder Abgasen abzuführenden Verlustwärme kleiner wird.

Mit der üblichen Kolbengeschwindigkeit von $c_m = 11\,\mathrm{m/s}$
ergeben sich nach Versuchen im FKFS bei einem luftgekühlten
Motor von 1,47 l Hubraum bei von $\varepsilon = 5,5$ auf $\varepsilon = 8$ steigender Verdichtung folgende Kennwerte (15):

ε	c_m	Füllungsgrad	Brennstoff-Durchfluß	Inn. Leistg.	Mittl. Brenn-raumtempe-ratur
	m/s	vH	kg/h	PS	°C
5,5				35	650
6				36,5	660
7	11	72	7,2	38,5	650
8				39,5	660

Die Bestleistung wird bei allen Verdichtungen etwa über dem gleichen Brennstoffdurchfluß bzw. Gemischverhältnis erreicht, ein Zeichen dafür, daß die Leistungserhöhung ohne zusätzliche Energiezufuhr bei steigender Verdichtung im wesentlichen der durch die längere Dehnung verbesserten Verbrennung zuzuschreiben ist.

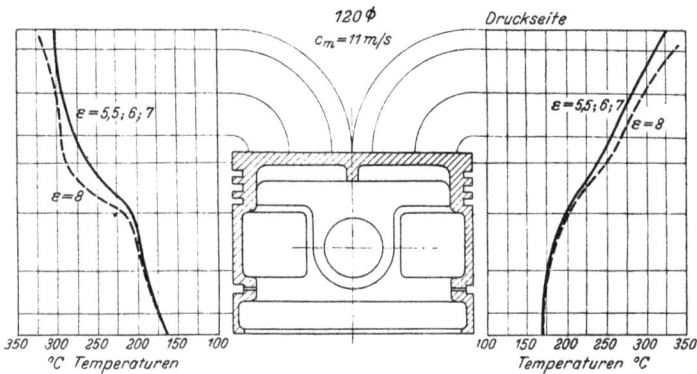

Bild 12.
Kolbentemperaturen bei verschiedener Verdichtung.
(1,47 Ltr. Motor luftgekühlt).

Die aufgenommenen Kolbentemperaturen (Bild 12) zeigen, daß diese, wie auch die Brennraumtemperaturen, im Rahmen des Meßverfahrens von der Verdichtung unabhängig sind (14, 16). Die bei $\varepsilon = 8$ verzeichneten höheren Kolbentemperaturen dürften eher dadurch begründet sein, daß Motoren dieser Größe bei Verwendung von Kraftstoffen von OZ 87 bei $\varepsilon = 8$ schon nahe der Klopfgrenze arbeiten und daher höhere Temperaturen erreichen.

H. Einfluß der Zylinderbaugröße.

Den Einfluß der Zylinderbaugröße auf die Kolbentemperaturen hat M. Kuhm (15) im Rahmen einer größeren Versuchsarbeit untersucht. Die an vier geometrisch ähnlich gebauten Einzylindermotoren von 150, 120, 90 und 60 mm Bohrung durchgeführten Messungen der Kolbentemperaturen zeigt Bild 13. Obwohl die Hubraumleistung und damit auch

die Wärmebeaufschlagung mit abnehmendem Zylinderdurch-
messer steigt $\left(\dfrac{N_{h_0}}{N_{h_1}} = \dfrac{d_1}{d_0}\right.$ bei geometrisch ähnlichen Zylindern
gleicher Kolbengeschwindigkeit$\left.\right)$, nehmen die Kolbentempera-
turen infolge der bei kleinerem Zylinderdurchmesser unmittelbar kürzer werdenden Wärmewege ab.

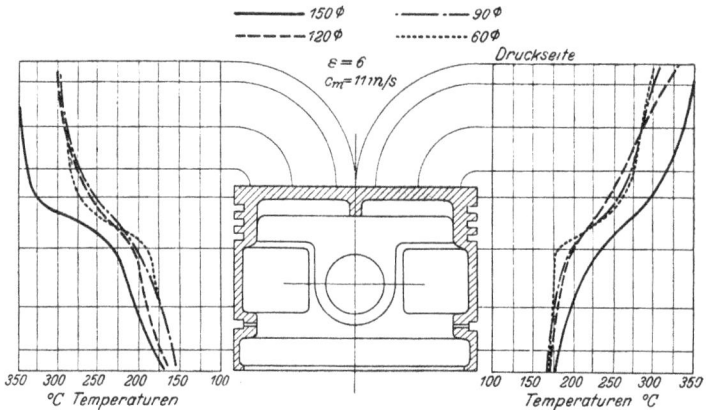

Bild 13.
Kolbentemperaturen in Abhängigkeit der Baugröße
(geometrisch ähnliche Baureihe luftgekühlter Zylinder).

Bemerkenswert ist, daß die Kolbentemperaturen dabei
nicht etwa gleichmäßig abfallen, sondern sich offensichtlich
einem Grenzwert nähern, der bei etwa 60 mm Durchmesser
erreicht sein dürfte, d. h. daß eine weitere Verkleinerung des
Zylinderdurchmessers keine Temperaturminderung mehr bringen wird, ein Ergebnis, das auch durch rein theoretische Betrachtung der vom Kolbenboden aufgenommenen und seitlich
unmittelbar an das Kühlmittel abgeführten Wärme bestätigt
werden konnte.

$$Q = k \cdot F \cdot \Delta T, \qquad k = \frac{1}{\dfrac{1}{\alpha_g} + \dfrac{1}{\alpha_k} + \dfrac{\delta}{\lambda}}.$$

Von diesem Durchmesser an übertrifft der große Übergangswiderstand zwischen Boden und Kühlmittel (α_k) bei weitem

den Wärmedurchgangswiderstand im Kolbenboden selbst $\left(\dfrac{\delta}{\lambda}\right)$ und wird für den Wärmefluß vorherrschend. Eine weitere Verkleinerung des Wärmeweges im Kolben hat dann keine Wirkung, da doch nicht wesentlich mehr Wärme an das Kühlmittel abgeführt werden kann.

Meßwerte bei $\varepsilon = 6$ und $c_m = 11$ m/s

Zylinder-$\varnothing$	Drehzahl	Innere Hubraumleistung	Innerer Verbrauch	Höchsttemp. in Kolbenbodenmitte
mm	U/min	PS	g/PSh	°C
150	2100	21,5	215	320
120	2500	26,4	198	295
90	3500	35,0	192	295
60	5000	51,8	189	290

III. Kolbentemperaturen in Abhängigkeit der Kolben- und Kolbenringgestaltung.

A. Einfluß der Bodendicke und -form.

Die Versuche zur Klärung des Einflusses der Bodendicke, wie auch die folgenden, die Gestaltung des Kolbenbodens betreffenden Untersuchungen, wurden zunächst im stationären Zustand durchgeführt. Aus der Erkenntnis, daß die Gestal-

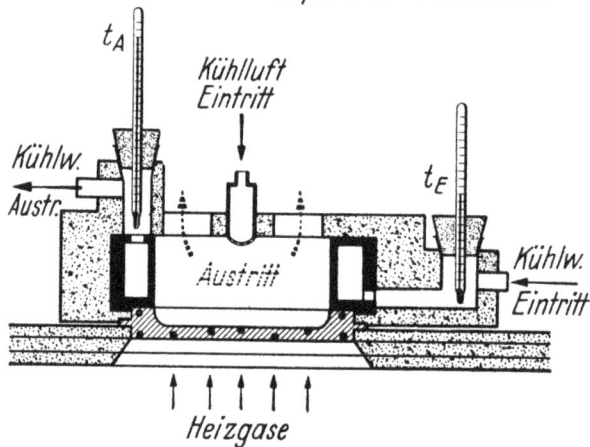

Bild 14.
Kalorimetrische Versuchsanordnung für Kolbenbodenversuche.

tung des Kolbenbodens in entscheidender Weise für die Ausbildung der Kolbentemperaturen maßgebend ist, wurde der Kolbenboden vom Schaft abgeschnitten, für sich beheizt und die Wärme an der Schnittfläche mittels einer kalorimetrischen Kühleinrichtung abgenommen (Bild 14). Die Versuchsanordnung ähnelt also der auf Seite 13 beschriebenen. Daneben war

eine Vorrichtung zum Anblasen des Kolbenbodens mit Luft
vorgesehen, womit die Auswirkung einer zusätzlichen Kühlung
der Kolbeninnenseite beobachtet werden konnte. Die Messung der Temperaturverteilung im Boden geschah
auch hier mit im Boden verstemmten Kupfer-Konstantan-
Elementen, die vom Kolbenboden zum Schaft (Kalorimeter)
abgeführte Wärme ergab sich aus der durchfließenden Wassermenge und ihrer Temperaturerhöhung. Dabei war vorauszusehen, daß sich die Unterschiede der verschiedenen Kolbenböden im wesentlichen nur auf das zur Abbeförderung der ein-

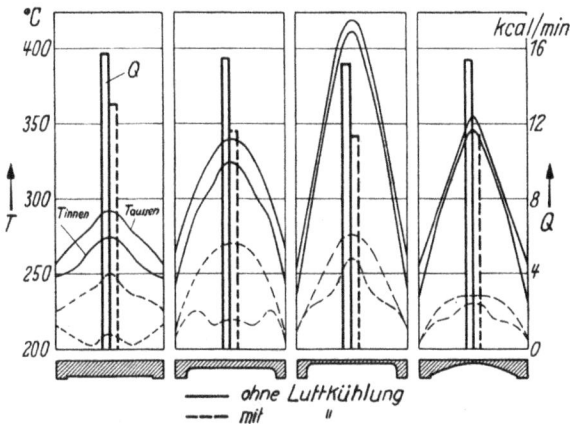

Bild 15.
Kolbenbodentemperaturen bei verschiedener Bodendicke und -form
(Kalorimeterversuch).

fallenden Wärme notwendige Temperaturgefälle im Boden auswirken würden. Denn die Wärmebeaufschlagung bleibt auch
hier dieselbe, und die vom Kolbenboden tatsächlich aufgenommene und demgemäß auch abzuführende Wärme kann sich
nur in geringen Grenzen ändern, die im Abschnitt »Wärmeeinfall« näher erläutert sind. Die gleichbleibende Beaufschlagung der Böden vom Durchmesser 100 mm lag wiederum
in der Größenordnung, wie sie aus der bei laufendem Motor
bekannten Wärmebilanz zu erwarten ist (4).

Die mit Böden verschiedener Dicke (14 mm, 7 mm, 3,5 mm)
bei sonst gleichen Abmessungen und derselben Wärmebeauf-

schlagung und Kühlung durchgeführten Messungen im stationären Zustand (Bild 15) zeigen ein starkes Ansteigen der Bodentemperaturen mit abnehmender Bodendicke, besonders in der
Bodenmitte, während sich die Schafttemperatur nur wenig
verändert. Dadurch nimmt das für die Wärmespannungen in
radialer Richtung maßgebende Temperaturgefälle Mitte/Rand
ebenfalls zu. Es steigt auch der Temperaturabfall je Millimeter
Bodendicke, der ein Maß für die Wärmespannungen in axialer
Richtung gibt.

Bodendicke mm	14	7	3,5	14/3,5	
$T_{max,\ außen}$ °C	292	340	419	353	ohne
$T_{max,\ innen}$ °C	275	325	410	343	Luft-
$\dfrac{T_{max\ a} - T_{max\ i}}{Bodendicke}$ °C/mm	1,2	2,0	2,5	2,8	kühlung
$T_{max,\ außen}$ °C	250	270	276	237	mit
$T_{max,\ innen}$ °C	210	220	260	230	Luft-
$\dfrac{T_{max\ a} - T_{max\ i}}{Bodendicke}$ °C/mm	2,85	6,7	4,5	2,0	kühlung

Die Messungen bei zusätzlicher Kühlung durch an das
Kolbeninnere geblasene Luft zeigen die günstige Wirkung einer
solchen Maßnahme, vorausgesetzt, daß — wie es im stationären
Zustand der Fall ist — die Luftströmung den Kolbenboden
wirklich erreicht. In diesem Fall erfolgt eine allgemeine Senkung des Temperaturfeldes, besonders beim dünneren Boden,
entsprechend dem größeren Temperaturunterschied von Kühlmittel und Boden. Diese mit steigender Bodentemperatur
höhere Wärmeaufnahme der Luft wirkt sich mithin ausgleichend
auf die absolute Höhe der Temperaturen bei verschieden dicken
Böden aus. Dabei liegen die Werte für die Wärmespannung
in axialer Richtung durch die Umbiegung des Wärmeflusses
in Richtung des Kolbeninneren höher als vorher.

Bemerkenswert ist das gute Verhalten eines Bodens, der
entsprechend dem zunehmendem Wärmefluß gegen den Rand
an Dicke zunimmt, wodurch die Spitzentemperaturen und die
Wärmespannungen trotz geringen Querschnitts in der Bodenmitte erheblich gesenkt werden können. Auch wirkt sich die
Kühlung auf einen solchen Boden stärker aus.

Versuche mit einem flachen, einem nach außen und einem
nach innen gewölbten Boden bei gleicher Bodendicke brachten

keine meßbaren Unterschiede. Offenbar ist hier, bei Voraussetzung gleichen Wärmeeinfalls für einen Temperaturunterschied lediglich der bei dem gewölbten Boden etwas längere
Wärmeweg maßgebend, wodurch die Kolbentemperaturen ein
klein wenig ansteigen werden (16, 17).

B. Einfluß der Schaftdicke.

An einem Kolbenboden von 3,5 mm Dicke wurde die Kühl-
fläche, d. h. die Schaftdicke von 10 auf 7 und 5 mm verringert.
Auch hier war die Temperatursteigerung mit abnehmendem
Schaftquerschnitt beträchtlich, wie die in Bild 16 aufgetragenen
Höchsttemperaturen in der Kolbenbodenmitte zeigen. Im
übrigen gilt bezüglich der Abnahme der abgeführten Wärmemenge, wie auch der Wirkung der Kühlluft das im letzten Abschnitt Gesagte.

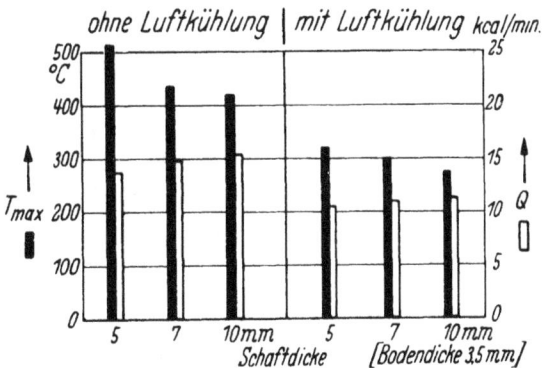

Bild 16.
Höchsttemperaturen an Kolbenboden mit zunehmender Schaftdicke
(Kalorimeterversuch).

Trägt man die Spitzentemperaturen in Abhängigkeit
einerseits der Boden-, andererseits der Schaftdicke auf (Bild 17),
so nähern sich beide Kurven einem Grenzwert, der durch die
bei gegebenem Schaft- oder Bodenquerschnitt und den vorliegenden Bedingungen der Wärmeabfuhr unter der Voraussetzung gleicher Beaufschlagung und Kühlung überhaupt ab-
führbare Wärme bestimmt ist. Über diesen Wert hinaus bietet
eine Vergrößerung des Querschnitts keine Vorteile.

Von einer Vergrößerung der Schaftlänge ist im Rahmen der üblichen Grenzen bei der verhältnismäßig geringen Schaftdicke und dem ohnehin schon langen Wärmeweg vom Kolben-

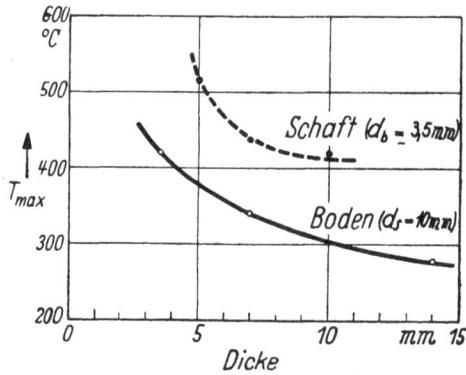

Bild 17.
Temperatur in der Kolbenbodenmitte in Abhängigkeit der Boden- und Schaftdicke (Kalorimeterversuch).

boden keine wesentliche Herabsetzung der Kolbentemperaturen zu erwarten, zumal der Wärmeübergang vom unteren Schaftteil zur Zylinderbüchse erfahrungsgemäß sehr gering ist und sogar negativ werden kann (18).

C. Verhalten eines verrippten Kolbenbodens.

Das Ergebnis von Messungen an einem mit Rippen versehenen und einem unverrippten Boden gleicher Dicke und aus gleichem Werkstoff zeigt Bild 18. Hiernach ist die Wirkung der Rippen nicht nur in ruhender Luft, sondern selbst bei Kühlung durch Anblasen mit Luft überraschend gering, obwohl im stationären Zustand der Luftstrom eine besonders gute Wirkung zeigen müßte. Aber offenbar ist der Wärmeübergang infolge der verhältnismäßig geringen Vergrößerung der Oberfläche und vor allem wegen des Fehlens einer anliegenden Luftströmung nur unerheblich verbessert. Eine anliegende Strömung würde aber auch eine entsprechende Ausbildung der Rippen verlangen, die im laufenden Motor dann in Richtung des einzig möglichen Strömungsverlaufes, nämlich senkrecht zur Bolzenachse angeordnet sein sollten.

Die unvollkommenen Strömungsverhältnisse an der Innenseite des Kolbenbodens erfahren aber im laufenden Motor eine weitere Verschlechterung und lassen deshalb auch von einer feineren Durchbildung der Rippen keine nennenswerte Verbesserung der Wärmeabfuhr erwarten. Motorenversuche über den Einfluß solcher Kühlrippen haben ergeben (18), daß ein Kolben mit Rippen auf der Innenseite kaum meßbar kälter bleibt, als ein solcher ohne Rippen. Es wäre deshalb vorteil-

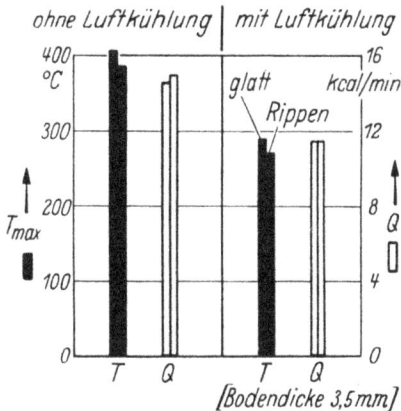

Bild 18.
Temperaturen in der Kolbenbodenmitte mit und ohne Rippen
(Kalorimeterversuch).

hafter, den für die Rippen vorgesehenen Werkstoff gleichmäßig auf den Kolbenboden zu verteilen und damit ohne Erhöhung des Kolbengewichtes den Bodenquerschnitt zu vergrößern. Durch eine solche Maßnahme konnte die Kühlwirkung des zugesetzten Werkstoffes schon erheblich verbessert werden (16, 18). Bei besonders hochbelasteten Kolben ist sogar schon bewußt auf Rippen verzichtet worden, da diese dem Verziehen und Hochwölben des heißen Kolbenbodens entgegenstehen und bis zum Einreißen angespannt würden (23).

D. Einfluß der Wärmeleitfähigkeit des Kolben-werkstoffs.

Für diese Versuche wurden Kolbenböden von gleicher Abmessung aus folgenden Werkstoffen gewählt:

	Wärmeleitfähigkeit	
	cal/cm s °C	kcal/m h °C
Ford-Leg. (kupferhaltiger Temperstahlguß)	0,05	18
Grauguß	0,11	40
Elektron	0,17	61
Legierung EC 138	0,28	101
Legierung Y	0,33	119
Kupfer	0,80	288

Die Wärmeleitfähigkeit wurde an Probekörpern aus demselben Werkstoff am Wärmeleitfähigkeitsgerät nach P. Sommer
(19) bestimmt.

Die unter gleichen Versuchsbedingungen mit diesen Böden
gemessenen Höchsttemperaturen in der Kolbenbodenmitte nahe
der äußeren Oberfläche (T_{max}) und die vom Boden an das
Kalorimeter abgeführten Wärmemengen (Q) sowie das Temperaturgefälle über dem Boden in radialer Richtung (ΔT)
sind in Bild 19 wiedergegeben. Mit zunehmender Wärmeleit-

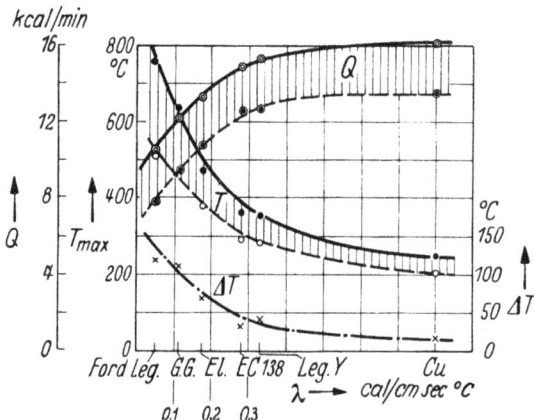

Bild 19.
Höchsttemperaturen in der Kolbenbodenmitte, Temperaturgefälle und Wärmefluß bei verschiedenen Kolbenwerkstoffen (Kalorimeterversuch).

fähigkeit nehmen die Kolbentemperaturen ab, vor allem in der Bodenmitte, während die Schafttemperaturen nur wenig absinken (vgl. Koch (1)).

Entsprechend wird das Temperaturgefälle Bodenmitte/ Rand kleiner. Der Boden aus Temperstahlguß erreicht eine Temperatur von etwa 800° C, der Graugußboden eine solche von etwa 635° C in der Bodenmitte. Diese Kolbentemperaturen wären im Otto-Motor bereits nicht mehr tragbar, da Glühzündungen, Abnahme des volumetrischen Wirkungsgrades und damit der Leistung die Folge wären.

Bemerkenswert ist wiederum, daß die Temperaturen mit zunehmender Leitfähigkeit langsamer abnehmen, sie nähern sich einem Grenzwert, eine Erscheinung, die im folgenden auch kurz begründet werden kann. Der Wärmedurchgang durch den Kolben ist gegeben durch die Beziehung $Q = k \cdot \Delta T \cdot F$, wobei

$$k = \frac{1}{\dfrac{1}{\alpha_g} + \dfrac{1}{\alpha_k} + \dfrac{\delta}{\lambda}}.$$

Dabei ist

k = Wärmedurchgangszahl in kcal/m² °C h,

α_g = Wärmeübergangszahl Gas/Kolben in kcal/m² °C h,

α_k = Wärmeübergangszahl Kolben/Laufmantel in kcal/m² °C h.

δ = Wärmeweg in m (über ΔT),

λ = Wärmeleitfähigkeit in kcal/m °C h.

Vorausgesetzt ist:

1. daß die einfallende Wärmemenge bei verschiedenen Böden dieselbe ist,

2. daß die Wärmeübergangzahl bei verschiedenen Werkstoffen ebenfalls gleich bleibt,

3. daß alle auf den Kolben einfallende Wärme zum Schaft und von dort zum Zylinder abgeführt wird,

4. daß die Leitfähigkeit des Kolbenwerkstoffes von der Temperatur unabhängig ist (hierüber siehe Bollenrath (5), Hug (6)),

5. daß die Wärmeaufnahme durch Strahlung sehr klein und für alle Werkstoffe gleich ist (hierüber siehe Nusselt (21)).

Es sei $\qquad \delta = 0{,}05$ m,

und angenähert $\qquad \alpha_g = 800$ kcal/m² °C h,

und $\qquad \alpha_k = 1200$ kcal/m² °C h.

Mit diesen Annahmen läßt sich k in Abhängigkeit von λ darstellen (Bild 20).

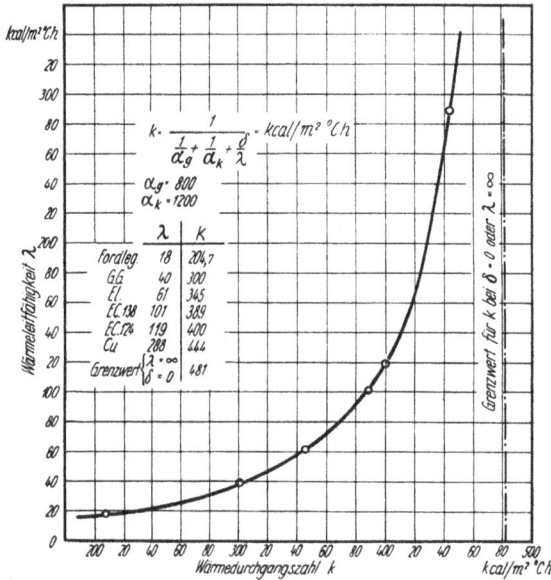

Bild 20.
Wärmedurchgangszahl k in Abhängigkeit der Wärmeleitfähigkeit des Kolbenwerkstoffes.

Man erkennt, daß der Wärmedurchgang nach oben und unten sich einem Grenzwert nähert.

Oberer Grenzwert für $\lambda = \infty$ oder $\delta = 0 : k = 481$ kcal/m² °C h.

Unterer Grenzwert für $\lambda = 0$ oder $\delta = \infty : k = 0$.

Bei zunehmender Wärmeleitfähigkeit wird also der Wärmedurchgang und dadurch die Kolbentemperatur immer mehr durch α_k, den Übergangswiderstand Kolben/Laufmantel bestimmt, dessen Höhe den Grenzwert der Wärmedurchgangszahl k angibt. Daher kommt es, daß beim Übergang von der sehr schlecht leitenden Ford-Legierung ($\lambda = 18$) auf die Le gierung EC 138 ($\lambda = 101$) eine Temperatursenkung von etwa 800° auf 385° erfolgt, während ein Übergang auf Kupfer ($\lambda = 288$) nur noch eine Temperatursenkung auf 250° zu bringen vermag.

Die Voraussetzung des gleichen Wärmeeinfalls, bei den verschiedenen Kolben, trifft aber in Wirklichkeit nicht zu, was auch aus dem Verlauf der an das Kalorimeter abgeführten Wärmemengen in Bild 19 ersichtlich ist: Je heißer der Boden ist, um so weniger Wärme nimmt der Kolben auf. Dies liegt in zwei Ursachen begründet:

1. nimmt die nach $Q = \alpha_g \cdot F \cdot dT$ bei gleicher Beaufschlagung auf den Kolben übergehende Wärmemenge im Verhältnis des Temperaturunterschiedes Gas/Boden (dT) ab;

2. wird, insbesondere beim rotglühenden Grauguß- oder Tempergußboden, ein beträchtlicher Teil der zunächst aufgenommenen Wärme wieder abgestrahlt. Dieser vom Kolben zurückgestrahlte Wärmeanteil läßt sich aus einer kurzen Rechnung abschätzen.

Die abgestrahlte Wärmemenge ist gegeben durch

$$Q_s = \alpha_s \cdot (t_B - t_L) \text{ kcal/h},$$

wobei

$$\alpha_s = \frac{(T_B/100)^4 - (T_L/100)^4}{t_B - t_L} \cdot C_{L.B}$$

Index L: Luft und Umgebung
Index B: Kolbenboden

oder

$$\alpha_s = \beta \cdot C_{L.B}.$$

Das Temperaturgefälle über dem Graugußboden von der Mitte zum Rand beträgt 630° ÷ 320°.

Für

$t_L = 20°$ und $t_B = 600°$ ist $\beta_{600} = 9{,}59$,
$t_L = 20°$ und $t_B = 300°$ ist $\beta_{300} = 3{,}40$ (aus Hütte (20)).

Bei Annahme eines linearen Temperaturgefälles ist in erster Näherung

$$\beta_m = \frac{9{,}59 + 3{,}40}{2} = 6{,}5.$$

Die wirksame Strömungszahl C_{LB} sei angenommen zu $C_{LB} = \varepsilon \cdot C_s$, wenn $C_s = 4{,}96$ kcal/m² h °K die Strahlungszahl des absolut schwarzen Körpers ist (20).

Für eine Kolbenoberfläche $F_{100} = 78{,}5$ cm² und ein Absorptionsverhältnis $\varepsilon = 0{,}5$ wird die vom Kolbenboden abgestrahlte Wärmemenge $Q_s = 0{,}95$ kcal/min, das sind fast 10 vH der in diesem Fall vom Graugußboden zum Schaft abgeführten Wärme.

Für den Boden aus Temperstahlguß (Ford-Legierung) errechnet sich die abgestrahlte Wärmemenge angenähert zu $Q_s = 1{,}7$ kcal/min, das sind etwa 15 vH der jetzt an das Kalorimeter abgegebenen Wärme. Über den Verlauf der Wärmeabstrahlung vom Kolben gegen Zylinderkopf und -wand berichtet Emele (22). Aus diesen Gründen streben die Kolbentemperaturen mit abnehmender Leitfähigkeit des Kolbenwerkstoffes nicht so rasch einem Grenzwert zu, wie die Wärmedurchgangszahl k allein.

Die Ergebnisse der Kalorimeterversuche werden qualitativ ohne weiteres auf die Verhältnisse am laufenden Motor übertragbar sein, quantitativ jedoch werden die Temperaturunterschiede zwischen den einzelnen Werkstoffen am laufenden Motor etwas geringer sein, da dort die Wärmebeaufschlagung meistens gleichmäßiger über den ganzen Kolbenboden erfolgen wird. Dann fallen für die Wärmemengen, die mehr dem Bodenrand zu auf den Kolben einströmen, Unterschiede in der Leitfähigkeit des Werkstoffes nicht so sehr ins Gewicht.

Da eine geringe Leitfähigkeit teilweise, z. B. bei Grauguß und Temperstahlguß, gleichzeitig mit einer geringen Wärmeausdehnung verbunden ist, kommt im laufenden Motor noch hinzu, daß bei solchen Kolben das Spiel geringer bemessen werden kann, und sie daher vor allem bei Teillast einen besseren Wärmeschluß zum Laufmantel aufweisen können.

Es sei noch darauf hingewiesen, daß innerhalb der gebräuchlichen Leichtmetallegierungen der Al-Cu- und Al-Si-Gruppe große Unterschiede in den Kolbentemperaturen wegen der im Verhältnis nur wenig voneinander abweichenden Wärmeleitfähigkeit nicht festzustellen und aus den oben angeführten Gründen in diesem Bereich auch nicht zu erwarten sind. Vergleichsversuche im Motor haben ergeben, daß bei gleicher Belastung ein Kolben aus der Legierung Y ($\lambda = 0{,}36$) gegenüber einem Kolben gleicher Form (MEC) aus der Legierung EC 124 ($\lambda = 0{,}33$) nur zwischen 10^0 (am Boden) und 30^0 (in der Ringzone) niedrigere Temperaturen erreichte (vgl. auch Baker 18)). Festzustellen wäre noch, daß eine zusätzliche Kolbenkühlung durch Luft bei dem heißeren Grauguß- oder Tempergußkolben infolge des größeren Temperaturgefälles Erfolg verspricht (vgl. Baker (17, 18)).

E. Wirkung von Schutzschichten auf dem Kolbenboden.

An Böden von gleichem Werkstoff und denselben Abmessungen wurde der Einfluß von sechs verschiedenen Oberflächen auf den Wärmedurchgang im stationären Zustand untersucht. Es waren dies:

a) ein vorgedrehter Kolbenboden (geschruppt, starke Drehriefen sichtbar, $\lambda_{\text{Boden}} = 120 \text{ kcal/m } ^0\text{C h}$),

b) ein polierter Kolbenboden,

c) ein eloxierter Kolbenboden (Schichtstärke etwa 0,01 mm, Schmelzpunkt der Schicht etwa 2000 ^{0}C),

d) ein blank vernickelter Kolbenboden (Schichtstärke etwa 0,02 mm, λ_{Ni} etwa $= 40 \text{ kcal/m } ^0\text{C h}$, Schmelzpunkt der Schicht etwa 1450 ^{0}C),

e) ein hart verchromter Boden (Schichtstärke etwa 0,01 mm, Schmelzpunkt der Schicht etwa 1750 ^{0}C),

f) ein vorgedrehter Boden mit starkem Ölkohlebelag außen (Schichtstärke etwa 0,1 mm, $\lambda_{\text{Ölkohle}}$ etwa 0,1 kcal/m ^{0}C h).

Die mit diesen Böden vorgenommenen Messungen zeigt Bild 21.

Die höchste Kolbentemperatur erreicht der vorgedrehte Boden, dessen Oberfläche durch die ausgeprägten Drehriefen vergrößert worden ist ($T_{\text{max}} = 350^0$), darunter liegen der polierte (335^0), der eloxierte (316^0), der blank vernickelte (310^0) und der hart verchromte Boden (308^0). Die niedrigste Temperatur erreicht der Boden mit Ölkohlebelag (303^0). Entsprechend der

Wirkung der Oberflächenschichten nehmen die vom Kolben
aufgenommenen Wärmemengen mit zunehmender Abschirmung
ab. Die größte Wärmemenge nimmt der vorgedrehte Boden, die
kleinste der mit Ölkohle belegte Boden auf.

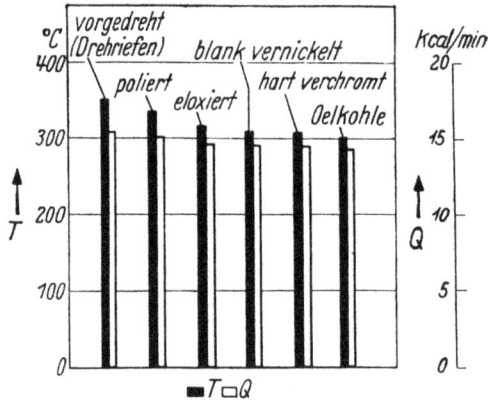

Bild 21.
Höchsttemperaturen in der Kolbenbodenmitte und Wärmedurchgang
bei verschiedenen Schutzschichten (Kalorimeterversuch).

Es darf nicht unerwähnt bleiben, daß die Kolbentemperaturen infolge der notwendigen Größe der Elementköpfe nicht
in der Schicht, sondern etwa 0,5 mm darunter im Kolbenwerkstoff gemessen wurden. Die Temperaturen an der Außenseite
der schlecht leitenden Schutzschicht werden zweifellos wesentlich höher liegen. Es ist bekannt, daß eine starke Ölkohle-
schicht auf dem Kolbenboden zum Glühen kommen und Selbst-
zündungen des Gemisches verursachen kann, wobei aber der
Kolben selbst wärmeentlastet wird.

Der Gedanke einer Entlastung des Kolbens durch Abschirmung gegen den Verbrennungsraum, also Verminderung
des Wärmeeinfalls, führte zum Aufsetzen von schlecht leitenden
Schutzkappen auf den Kolben. Kraemer (23) berichtet über
Erfahrungen mit solchen hitzebeständigen Feuerplatten, wie
sie z. B. am Junkers-Flugdiesel eingebaut werden. Neuerdings
haben sich an anderer Stelle Kolbenschutzkappen bewährt,
deren abschirmende Wirkung durch eine zwischen Kappe und
Kolben liegende isolierende Luft- oder Keramikschicht ver-

bessert wurde. Infolge der Unterbindung der Wärmeableitung nehmen aber derartige Schutzkappen sehr hohe Temperaturen an, wodurch ihre Verwendung auf Arbeitsverfahren beschränkt ist, welche diese hohen Temperaturen am Kolbenboden zulassen (Dieselverfahren z. B.).

In Bild 22 sind zur Veranschaulichung an einem Beispiel die Möglichkeiten einer Temperatursenkung durch die in den Abschnitten 1 bis 6 beschriebenen Einflüsse und Maßnahmen fortlaufend wiedergegeben. Durch Kühlen des heißen Bodens (oben links) mit Luft kann unmittelbar etwa die gleiche Temperatursenkung erzielt werden wie sonst durch verschiedene Querschnittsvergrößerungen und einen Oberflächenbelag — wenn es gelingt, mit dem Kühlmittel tatsächlich an die heißen Stellen des Kolbenbodens heranzukommen.

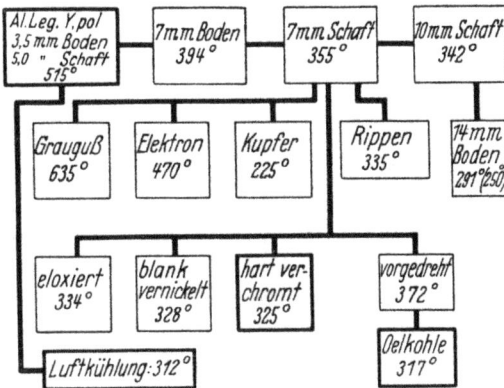

Bild 22.

F. Verhalten eines Verbundguß-Bodens.

Aus einem verbundgegossenen Kolben (hitzebeständige Leg. Y in der Kolbenbodenmitte, Leg. EC 124 mit guten Laufeigenschaften am Schaft, EC Patent) wurde ein Kolbenboden herausgeschnitten und mit einem normalen Boden aus der Leg. Y gleicher Abmessung verglichen. Wie aus Bild 23 hervorgeht, ist eine Temperaturerhöhung infolge eines zusätzlichen Wärmeübergangswiderstandes an der Gußnaht nicht festzustellen. Ebenso sind die abgeführten Wärmemengen fast gleich. Ein Wärmestau in der Verbundgußzone war somit nicht zu beobachten.

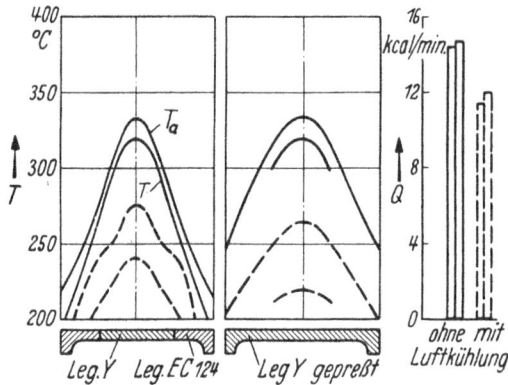

Bild 23.
Verbundgußboden (Kalorimeterversuch).

G. Einfluß von verschiedenen Ringanordnungen auf den Wärmefluß.

Für die Untersuchung über den Einfluß verschiedener Ringanordnungen auf die Ausbildung der Kolbentemperaturen bei stationärem Wärmefluß wurde die auf Seite 13 beschriebene kalorimetrische Versuchsanordnung benutzt. Die vier Versuchskolben sind in Bild 24 dargestellt. Sie unterscheiden sich in der axialen Höhe der Ringe einerseits und im Abstand der Ringzone von der oberen Kolbenbodenkante andererseits. Alle übrigen Abmessungen sind dieselben, wie auch die Kolben aus derselben Leichtmetallegierung hergestellt und gleichermaßen bearbeitet sind. Das Kolbenspiel war durch die Bedingungen gegeben, daß auch bei der höchsten Kolbentemperatur von 380 °C, die ohne Kolbenringe erreicht wurde, kein Klemmen des Kolbens auftrat. Vor Beginn der Versuche wurden die Ringe im Kalorimeter mit Schmirgelstaub eingeschliffen, wodurch Kalorimeter, Kolben und Ringe ein dem Betriebszustand ähnliches Aussehen der Lauffläche erhielten. Die Messungen wurden mit einem gleichmäßig aufgebrachten Ölfilm ohne Ölzu- oder -abfluß durchgeführt.

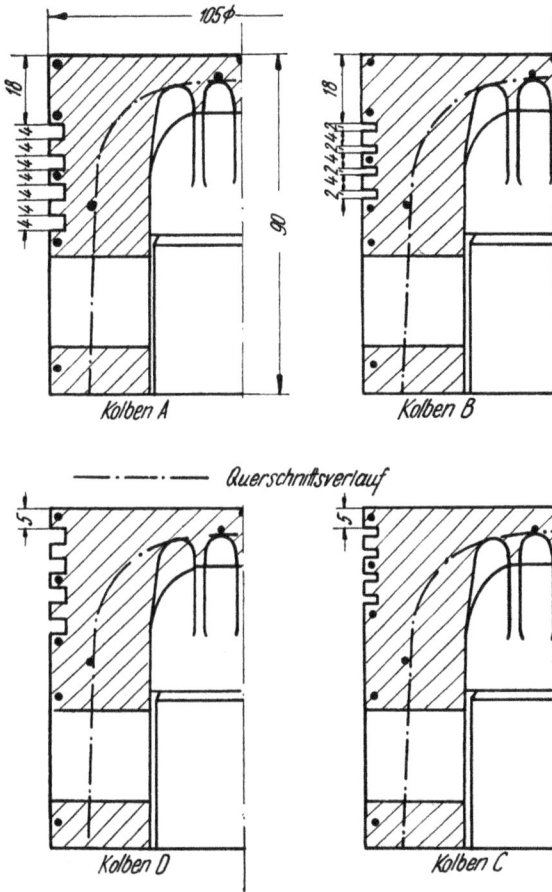

Bild 24.
Kolben für Kalorimeterversuche.

1. Einfluß der Ringzahl.

Bild 25 zeigt an einem der untersuchten Kolben, wie die Temperaturen mit abnehmender Ringzahl ansteigen, und zwar bei voller und halber Beaufschlagung. Aus dem Abstand der Temperaturlinien kann auf den Einfluß der einzelnen Ringe geschlossen werden, wenn auch der absolute Anteil jedes einzelnen Ringes durch verschiedene Faktoren zusätzlich beeinflußt wird (z. B. Ausdehnung des Kolbens bei höheren Temperaturen, Durchblasen der Gase beim Fehlen der Abdichtung). Doch treten diese Einflüsse auch im laufenden Motor auf, sie sind dort höchstens stärker, die Vergleichbarkeit der Ergebnisse hinsichtlich der Wärmeabfuhr unter den im Kalorimeter vorhandenen Bedingungen bleibt jedoch erhalten.

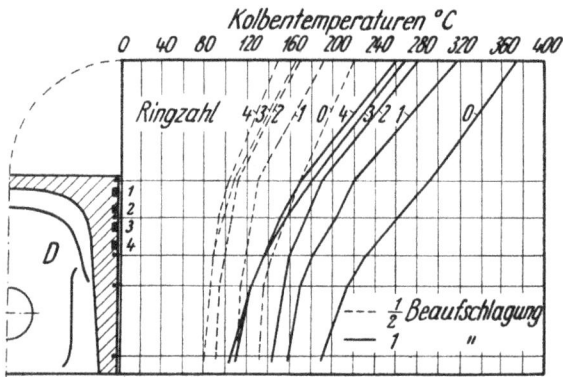

Bild 25.
Kolbentemperaturen in Abhängigkeit der Ringzahl (Kalorimeterversuch).

Grundsätzlich steigt mit abnehmender Ringzahl im stationären Zustand ohne Gasdruck das gesamte Temperaturfeld. Dabei ist die Temperaturerhöhung beim Übergang von vier auf drei und zwei Ringe nur unerheblich gegenüber dem Übergang auf einen und null Ringe. Auch zeigt der Versuch, daß der Kolben ohne Ringe keinesfalls die Temperaturen annimmt, die er erreichen müßte, wenn, wie vielfach angenommen, 80 vH der Wärme über die Ringe abgeführt werden.

Der Versuch zeigt, daß unter den vorliegenden Bedingungen bei niedriger Wärmebeaufschlagung ein bis zwei Ringe, bei höherer Wärmebeaufschlagung zwei bis drei Ringe hinsichtlich der von den Ringen bei gegebenem Bodenquerschnitt überhaupt abführbaren Wärme vollauf genügen würden. Im warmen Zustand und bei nicht zu groß bemessenem Spiel werden offenbar auch die zwischen den Ringen liegenden Stege nicht nur zur Abdichtung, sondern auch zur Wärmeabfuhr mit herangezogen werden können (vgl. Baker (18)). Eine weitere

Erhöhung der Ringzahl hat dann nur noch eine geringe Wirkung auf das Temperaturfeld. Das Verhalten der Kolbentemperaturen bei abnehmender Ringzahl konnte im Motorenversuch bestätigt werden.

Am Einzylinderprüfstand, auf dem ein luftgekühlter AS 10 C-Einzylinder aufgebaut war, wurden drei je einstündige Vollastläufe unter den im Abschnitt D beschriebenen Versuchsbedingungen durchgeführt. Dabei lief der Kolben im ersten Lauf in der vorgesehenen Anordnung mit drei, im zweiten Lauf mit zwei Kompressionsringen und im dritten Lauf mit nur einem Kompressionsring.

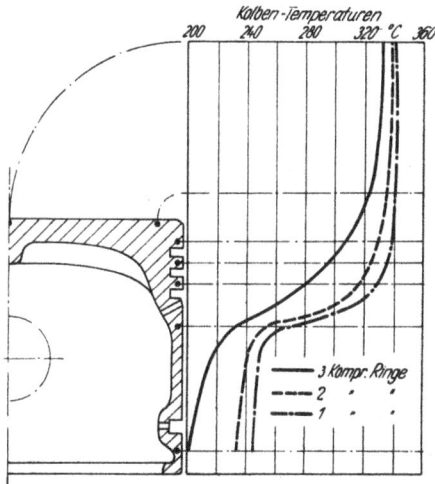

Bild 26.
Kolbentemperaturen bei abnehmender Ringzahl
(Motorversuch am As 10 C-Einzylinder luftgekühlt).

Die im Rahmen der Versuchsbedingungen und der mit dem Schmelzkegelverfahren erreichbaren Genauigkeit ermittelten Kolbentemperaturen sind in Bild 26 dargestellt. Der gegenüber den Kalorimeterversuchen grundsätzlich andere Verlauf der Temperaturlinien im laufenden Motor liegt im Unterschied von Kolbendurchmesser (120 gegen 105 mm im Kalorimeter), Wärmebeaufschlagung und Gasdruck begründet. Wiederum aber zeigt sich, daß der dritte und zweite Ring nur wenig zur Wärmeabfuhr herangezogen werden. Läßt man z. B. den

dritten Kompressionsring aus, so steigt die Höchsttemperatur
in der Kolbenbodenmitte nur von 320 auf 330⁰, beim Heraus-
lassen auch des zweiten Ringes nur um weitere 10⁰. Dagegen
erhöhen sich die Temperaturen in der Ring- und Schaftzone
beträchtlich, auf der Druckseite um 40 bis 50⁰.

So lassen auch diese Versuche mit verschiedener Ringzahl
am laufenden Motor erkennen, daß in thermischer Hinsicht die
Wirkung der Kolbenringe vornehmlich in ihrer abdichtenden
Eigenschaft liegt, welche die Wärmebeaufschlagung auf den
Kolbenboden beschränkt. Denn schon beim Weglassen der
beiden unteren Kompressionsringe tritt ein erhöhter Gasdurchlaß (0,9 m³/h gegenüber 0,5 m³/h bei drei Ringen) und
damit eine stärkere Aufheizung der Kolbenwange ein, während
die Bodentemperaturen nur unwesentlich ansteigen.

Die Ergebnisse lassen im übrigen darauf schließen, daß
die übliche Ansicht, nach welcher die Ringe zwischen 70 und
80 vH der Kolbenwärme abführen, für die im Flugmotorkolben
üblichen Querschnittsbemessungen und den dort geltenden
Bedingungen eine Einschränkung erfahren muß. Das große
Temperaturgefälle in der Ringzone dürfte weniger durch die
Wärmeabfuhr als durch die Aufheizung des oberen Ringabschnitts infolge ungenügender Abdichtung der obersten
Kompressionsringe zustande kommen. Das Durchblasen der
heißen Verbrennungsgase bewirkt dann eine Verlängerung des
Wärmeinfalles und damit eine hohe Temperatur über den
Kolbenboden hinaus bis in die Ringzone, wodurch die tat-
sächliche Wärmeabfuhr vom Kolben an den Zylinder erst im
unteren Teil der Ringzone und am Schaft einsetzen kann.

Nach Motorenversuchen im FKFS können die oberen
Ringe bei besonders hohem Gasdurchlaß, z. B. bei hohem
Gasdruck und geringer Schmiermittelbemessung, derartig auf-
geheizt werden, daß sie sogar um 20 bis 30⁰ höhere Temperaturen annehmen als die benachbarten Kolbenstege und auf
diese Weise den Wärmefluß zum Zylinder nicht nur unter-
binden, sondern den Kolben selbst sogar noch aufheizen.

2. Einfluß der Ringlage.

Zwei Kolben mit verschiedenem Abstand der Ringzone
von der Kolbenbodenkante wurden im Kalorimeter bei ver-

schiedener Wärmebeaufschlagung geprüft, und zwar einmal mit
vier Ringen und einmal mit einem Ring. Aus Bild 27 geht der
Einfluß der verschiedenen Ringlage hervor. Durch Höher-
setzen der Ringe bis nahe an die Kolbenbodenkante wird der
Wärmeweg über die Ringe verkürzt und dadurch die Kolbentemperatur in der Boden- und Ringzone etwas gesenkt, während am Schaft die Temperaturen leicht ansteigen. Es tritt
also eine Verlagerung des Wärmeflusses und damit des Temperaturverlaufes ein, wobei sich die insgesamt über Ringe und
Schaft gehende Wärmemenge nur wenig ändert. Die Temperatursenkung ist um so höher, je größer die Wärmebeaufschlagung und je geringer die Anzahl der Ringe ist.

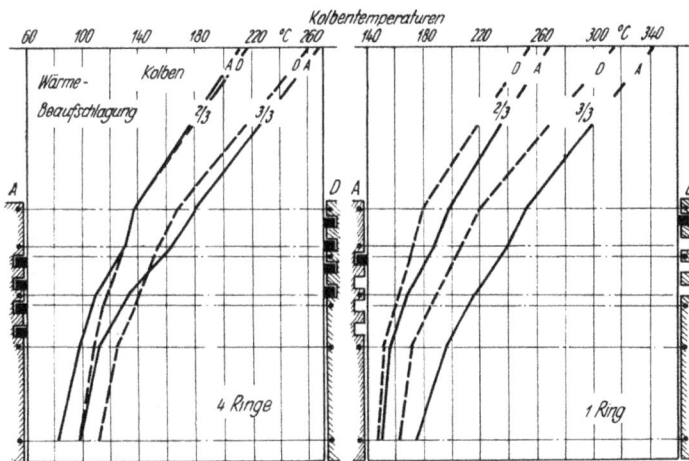

Bild 27.
Einfluß der Ringlage auf die Kolbentemperaturen (Kalorimeterversuch).

Im laufenden Motor kommen noch zwei weitere Gesichts-
punkte hinzu. Einmal wird durch Herabsetzen der Ringzone,
d. h. Vergrößerung des oberen Steges, die Beaufschlagung des
Kolbens verlängert. Andererseits aber wird dadurch auch der
oberste Kolbenring vom Druck der Verbrennungsgase entlastet
und kann so den unter ihm liegenden Teil des Kolbens besser
gegen eine Aufheizung durch vorbeistreichende Verbrennungsgase schützen.

3. Einfluß der axialen Ringhöhe.

Bei gleicher Gesamtspannung liegen Ringe niedriger axialer Höhe infolge höheren spezifischen Anpreßdrucks im laufenden Motor besser an der Zylinderwand an als axial hohe Ringe. Schmale Ringe können Ungleichmäßigkeiten im Zylinderdurchmesser besser folgen, Unebenheiten leichter ausgleichen und abschleifen, so daß ihre abdichtende Wirkung besser ist.

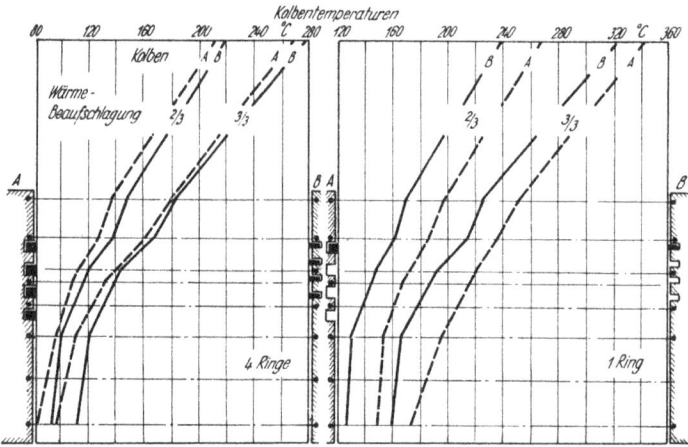

Bild 28.
Einfluß der Ringhöhe auf die Kolbentemperaturen (Kalorimeterversuch).

Sie laufen auch schneller ein, schonen die Kolbenstege durch ihr geringes Gewicht und können sich den Verbiegungen im Betrieb besser anpassen (17, 24, 25). Doch steht diesen vielen Vorteilen der größere Verschleiß der Ringe selbst und des Zylinders gegenüber. Es lohnt festzustellen, ob neben den genannten Einflüssen die Überlegenheit des einen oder anderen Ringes hinsichtlich der Förderung des Wärmeübergangs hinzutritt.

Diese Frage muß nach den im Kalorimeter gewonnenen Versuchsergebnissen verneint werden. Zwei lediglich in der axialen Höhe ihrer Ringe verschiedene Kolben der Form A und B (Bild 24) wurden bei kleiner und großer Wärmebeaufschlagung sowie bei wechselnden Ringzahlen auf Wärmedurchgang und Temperaturzustand untersucht. Bei vier und drei Ringen zeigt sich zunächst eine geringe Überlegenheit des axial hohen Ringes gegenüber dem axial niedrigen Ring (Bild 28 (25)). Dadurch, daß die Ringzone bei höherem Ring unter Voraussetzung gleicher Kolbensteghöhe und gleichen Abstands des obersten Ringes von der Kolbenbodenkante tiefer reicht, ist auch eine deutliche Senkung der Schafttemperaturen zu beobachten. Allerdings hält sich die Temperatursenkung selbst bei hoher Beaufschlagung in geringen Grenzen. Geht man auf zwei oder einen Ring herunter, so kehrt sich das Temperaturbild teilweise um, es tritt sogar eine geringe Überlegenheit des schmalen Ringes auf, die wohl durch dessen bessere Abdichtung und der damit bedingten geringeren Aufheizung der Kolbenwange zu erklären ist. Die bei schmalem Ring niedrigeren Schafttemperaturen deuten darauf hin. Entsprechend der leichten Temperatursenkung bei vier und drei Ringen führt der breite Ring auch etwas mehr Wärme ab.

Allerdings sind die Bedingungen, unter denen der Ring im laufenden Motor zu arbeiten hat, von denen im ruhenden Zustand verschieden. Es tritt kein Gleiten der Ringe am Zylinder auf, sowie keine Ringbewegung in der Nut. Auch ist im Kalorimeter die Wirkung des Gasdrucks, wodurch im laufenden Motor der Ring fast ausschließlich auf der unteren Nutenfläche aufliegt und somit nur von dort her die Wärme vom Kolben übernehmen und abführen kann, nicht berücksichtigt. Die Versuche können daher in diesem Punkt nur einen Hinweis geben. Hiernach wäre nicht anzunehmen, daß durch Verkleinerung oder Vergrößerung der axialen Ringhöhe die Kolbentemperaturen im laufenden Motor wesentlich beeinflußt werden können.

4. Einfluß des Ringwerkstoffs.

Zur Klärung der Frage, ob durch einen Ringwerkstoff von höherer Wärmeleitfähigkeit die Kolbentemperaturen wirkungsvoll gesenkt werden können, wurde ein Kolben mit Versuchsringen aus einer Leichtmetallegierung ausgerüstet und deren Einfluß auf Temperatur und Wärmedurchgang bei stationärer Beheizung untersucht — unabhängig von den unbekannten sonstigen, insbesondere den Laufeigenschaften dieser Legierung. Den Temperaturverlauf bei verschiedener Beaufschlagung mit Grauguß- und Leichtmetallringen zeigt Bild 29.

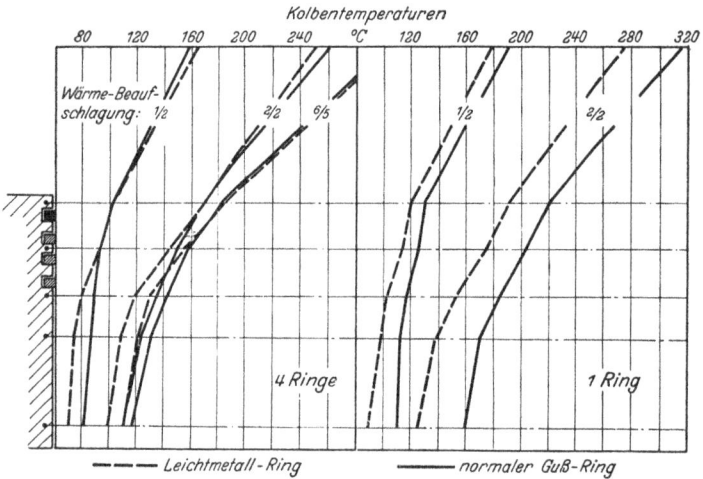

Bild 29.
Einfluß des Ringwerkstoffs auf die Kolbentemperaturen
(Kalorimeterversuch).

Die Wirkung der Leichtmetallringe ist zunächst überraschend gering, auch bei höchster ($^6/_5$) Beaufschlagung. Erst bei Beschränkung auf einen einzigen Ring und hoher Beaufschlagung bringt der Leichtmetallring einen stärkeren Temperaturrückgang im allgemeinen sowie einen rascheren Abfall in der Ringzone.

Dieser offenbar geringe Einfluß der Wärmeleitfähigkeit des Ringwerkstoffes wird wiederum auf die überragende Wirkung der sonstigen Wärmedurchgangs- und Wärmeübergangswiderstände zurückzuführen sein, unter denen die verhältnismäßig kleine Steigerung des Wärmedurchgangs im Ring, noch dazu auf einer so kurzen Strecke innerhalb des langen Wärmeweges vom Verbrennungsraum über Kolben — Ringe — Zylinder zum Kühlmittel nur geringen Einfluß hat.

H. Ermittlung des Wärmeflusses aus dem gemessenen Temperaturbild.

Die allgemeine Gleichung der Wärmeleitung im zylindrischen Koordinatensystem r, φ, z mit a als Temperaturleitfähigkeit, c als spezifischer Wärme, γ als spezifischem Gewicht des Werkstoffs, sowie der Temperatur ϑ und der Zeit t

$$\frac{\partial \vartheta}{\partial t} = a\left(\frac{\partial^2 \vartheta}{\partial r^2} + \frac{1}{r}\frac{\partial \vartheta}{\partial r} + \frac{1}{r^2}\frac{\partial^2 \vartheta}{\partial \varphi^2} + \frac{\partial^2 \vartheta}{\partial z^2}\right) + \frac{1}{c \cdot \gamma} \cdot f(r, \varphi, z, t)$$

nimmt bei rotationssymmetrischen Körpern für ein stationäres Feld ohne Wärmequellen die Form an (2)

$$\frac{\partial^2 \vartheta}{\partial r^2} + \frac{1}{r}\frac{\partial \vartheta}{\partial r} + \frac{\partial^2 \vartheta}{\partial z^2} = 0.$$

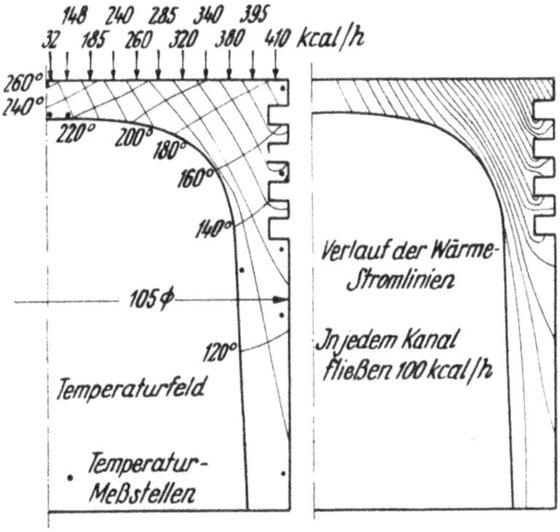

Bild 30.
Ermittlung des Wärmeflusses aus dem gemessenen Temperaturbild
(nach Hug [6]), Kalorimeterversuch.

Als Randbedingungen sind in unserem Falle die Temperaturen selbst bekannt. Ist aber die Temperaturverteilung, d. h. das Feld der Linien gleicher Temperatur eines Körpers und seine Wärmeleitfähigkeit gegeben, so kann der Verlauf des Wärmestroms bestimmt werden.

Für den Kolben B ist in Bild 30 aus den an den Meßpunkten aufgenommenen Temperaturen der ungefähre Verlauf der Linien gleicher Temperatur aufgetragen. Sodann ist in gleichen Abständen von der Kolbenbodenfläche aus die Richtung der Wärmestromlinien senkrecht zu den Linien gleicher Temperatur eingezeichnet. Die in jeden dieser kreisförmigen Kanäle von der mittleren Breite db, vom mittleren Halbmesser r und der Temperaturdifferenz dT über die gewählte Kanallänge dl einströmende Wärmemenge Q ist dann gegeben durch

$$Q = \lambda \cdot db \cdot 2 \pi r \cdot \frac{dT}{dl}.$$

Für ein konstantes Temperaturgefälle d_T wird

$$Q = C \cdot \frac{db \cdot r}{dl}.$$

Mit dieser Beziehung lassen sich nacheinander die einzelnen Wärmemengen berechnen und als Wärmestromröhren so aufzeichnen, daß z. B. in jedem Kanal 100 kcal/h fließen. Man erhält so ein Bild von der Wärmeverteilung, d. h. die nach innen an die Gehäuseluft, die über die Ringe und Schaft an den Zylinder und die nur über den Schaft an den Zylinder abgegebenen Wärmemengen. Unter der Einschränkung, daß wegen der wenigen Meßpunkte eine genaue Ermittlung des Temperaturfeldes nicht möglich war, zeigt sich, daß von der insgesamt in den Kolben einströmenden Wärmemenge (100 vH) in diesem Falle

etwa 25 vH nach innen an das Gehäuse abgegeben werden (ohne zusätzliche Kühlung),

etwa 19 vH über die Schaftzone an den Zylinder und nur etwa 56 vH über die Ringzone an den Zylinder

abgeführt werden. Diese aus der Temperaturverteilung errechneten Werte mit $1685 + 575 = 2260$ kcal/h für die Ring- und Schaftzone stimmen mit den im Kalorimeter gemessenen gut überein.

IV. Kolbentemperaturen in Abhängigkeit der Wärmeabfuhr.

A. Einfluß des Kolbenspiels.

Bei der hervorragenden Bedeutung des Wärmeübergangswiderstandes zwischen Kolben und Zylinder war vorauszusehen, daß auch die Größe des Kolbenspiels den Wärmefluß beeinflussen werde. Versuche, die sowohl im Kalorimeter wie im laufenden Motor durchgeführt wurden, bestätigen dies. Die kalorimetrische Versuchsanordnung wurde bereits beschrieben (Seite 13). Zur Durchführung der motorischen Versuche diente der luftgekühlte Argus As 10 C-Einzylinder, dessen Abmessungen und Kennwerte kurz angegeben seien.

Die Abmessungen und Werkstoffe des As 10 C-Einzylindermotors sowie die verwendeten Schmier- und Kraftstoffe waren folgende:

Bohrung . . . . 120 mm Dmr.

Hub . . . . 140 mm

Hubraum . . . . 1,6 l

Steuerzeiten: E. ö. 7⁰ v. OT, s. 81⁰ n. UT, Ges.Öffn.Dauer
268⁰, A. ö. 39⁰ v. UT, s. 24⁰ n. OT, Ges.Öffn.Dauer 243⁰,
Überschneidung 31⁰.

Zylinderwerkstoff . . . . Stahl

Zylinderkopfwerkstoff . . . . . Al vergütet

Kolbenwerkstoff . . . . Leg. Y

Verdichtungsgrad . . . . $\varepsilon = 6{,}0$

Schmierstoff . . . . Stanavo 120

Kraftstoff . . . . Fliegerbenzin OZ 87

Als Versuchsbedingungen für die Vergleichsversuche erwiesen sich als zweckmäßig:

Drehzahl . . . . 2500 U/min

mittlere Kolbengeschwindigkeit . 11,8 m/s

5*

Bild 31.
Versuchsaufbau AS 10 C-Einzylinder luftgekühlt.
(a Kühlluftgebläse, b Ausgleichsbehälter für Kühlöl, c Zusatzölpumpe, d Sugopumpe, e Zündapparat, f Kühlwasserführung zur Rückkühlung des Öls.)

Drosselstellung	voll offen
Bremsleistung	26,5 PS
innere Leistung	35,5 PS
mittl. Arbeitsdruck	6 kg/cm²
mittl. Innendruck	8 kg/cm²

Kraftstoffverbrauch b_e . . . . . etwa 280 g/PSh
Kraftstoffverbrauch b_i . . . . . etwa 200 g/PSh
Bestzündung . . . . 41° v. OT
Schmierstofftemperatur . . . . etwa 55° C
Schmierstoffdruck . . . . 2—2,5 atü (Sugopumpe)

Leistungs- und Verbrauchsmessungen erfolgten wie beim Hirth-Einzylinder (s. Seite 17).

Die Kalorimeterversuche wurden mit einem serienmäßigen, in der Ölringnut vollständig geschlitzten MEC-Kolben (Bild 3) und bei einem Kolbenspiel von $^5/_{10}$ und $^7/_{10}$ mm durchgeführt. Im Kolben mit großem Spiel liegen die Temperaturen trotz über 20 vH geringerer Beaufschlagung um 30° bis 40° höher als beim Kolben mit geringem Spiel (Bild 32), wobei letzterer im warmen Zustand sich im Zylinder gerade noch bewegen läßt.

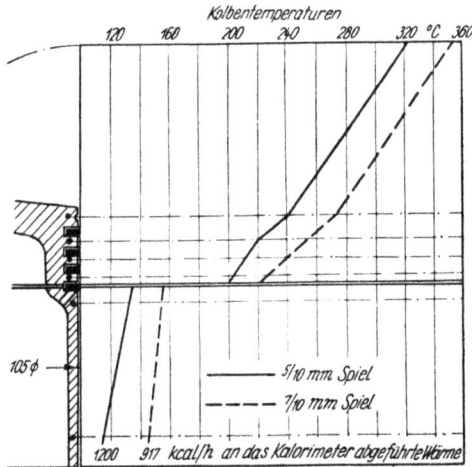

Bild 32.
Einfluß des Kolbenspiels (Kalorimeterversuch).

Die Motorenversuche am Argus-Einzylinder ergaben ein ähnliches Ergebnis (Bild 33). Dort stiegen die Temperaturen bei Vergrößerung des Spiels von 0,6 mm auf 1,0 mm am Boden um 10°, in der Ringzone um bis zu 80° und am Schaft um etwa 50°. Ähnlich verhielten sich auch die Zylindertemperaturen, so daß der gestörte Wärmeübergang nicht allein die Ursache dieser starken Temperaturerhöhung bilden kann. Es kommt

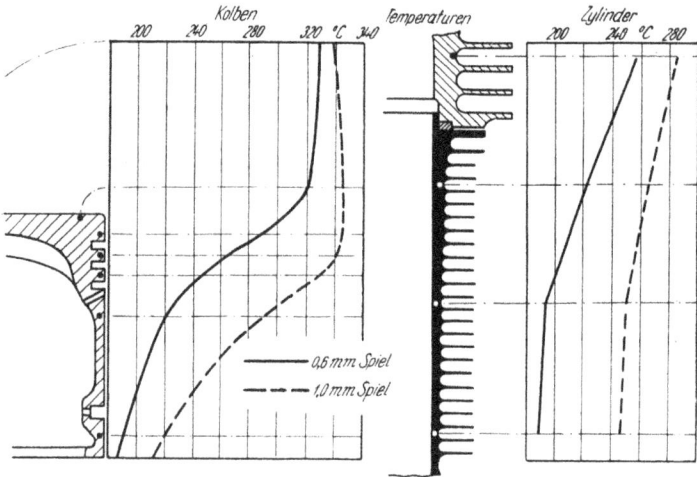

Bild 33.
Einfluß des Kolbenspiels (As 10-C-Einzylinder luftgekühlt).

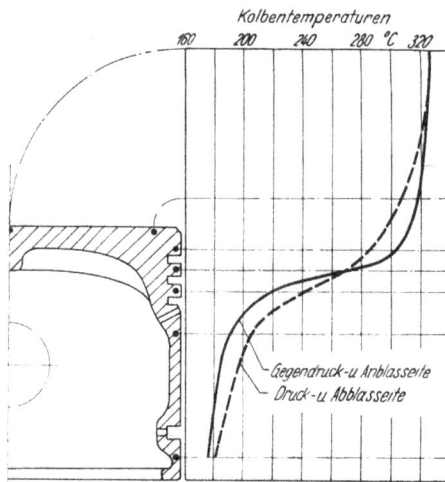

Bild 34.
Einfluß von Drehrichtung und Anblasseite auf die Temperaturverteilung im Kolben (AS 10 C-Einzylinder luftgekühlt).

vielmehr im höher belasteten Flugmotor noch die Aufheizung durch am Kolben vorbeiblasende Verbrennungsgase hinzu, deren Menge in diesem Fall von 0,43 m³/h auf etwa 0,9 m³/h anstieg. Dadurch ist auch der besonders starke Temperaturanstieg in der Ring- und Schaftzone erklärt.

Die Versuche zeigen, daß ein kleines Kolbenspiel besonders in der Ringzone nicht nur den Wärmeübergang verbessert, sondern auch das Durchblasen der Verbrennungsgase vermindert und so auf doppelte Weise die Temperatur im Kolben zu senken imstande ist. Daher erklärt sich auch die oft beobachtete niedere Temperatur auf der Druckseite des Kolbens (Bild 34), obwohl der Kolben auf dieser Seite ohne Zweifel eine höhere Reibungswärme entwickelt.

Bemerkenswert ist noch, daß der Einfluß der Schmiermittelmenge zwischen Kolben und Zylinder gerade bei großem Spiel besonders wirksam ist und die Temperaturunterschiede zwischen zwei Kolben mit großem und kleinem Spiel ausgleichen kann. Diese Tatsache führte zu einer genaueren Untersuchung des Einflusses eines Ölfilms auf die Kolbentemperaturen.

B. Einfluß des Schmierölfilms.

Schon bei früheren Untersuchungen des Wärmeübergangs zwischen zwei aufeinanderliegenden Flächen hatte sich gezeigt, daß ein dazwischenliegender Ölfilm den Wärmeübergang fördert. Diese Wirkung blieb auch dann noch erhalten, wenn die Flächen aufeinander eingeschliffen waren. Auch nach den im FKFS durchgeführten Untersuchungen über den Einfluß der Schmiermittelmenge auf das Festwerden der Kolbenringe hatte es den Anschein, als ob das Fehlen des Ölfilms in den Ringnuten und am Schaft nicht nur ein Durchblasen der Verbrennungsgase gestattet, sondern auch unabhängig davon den Wärmeübergang vom Kolben an den Zylinder erschwert.

Es wurden daher im Kalorimeter Versuche über den Einfluß der Anwesenheit von Öl auf die Kolbentemperaturen unternommen. Die günstige Wirkung des Ölfilms wurde bestätigt (Bild 35). Trockenlegung der beiden obersten Ringe brachte eine Temperaturerhöhung in der Boden- und Ringzone um 15⁰. Lagen alle vier Ringe trocken, so stiegen die

Kolbentemperaturen gleichmäßig um etwa 20⁰. Wurde der Schmierfilm am ganzen Kolben entfernt, nahmen die Kolbentemperaturen in der Bodenmitte um 40⁰ und am Schaft um 30⁰ zu. Selbstverständlich wurde während der Dauer der Messung weder Frischöl zugeführt, noch durfte Öl abtropfen, so daß die kühlende Wirkung des Öls lediglich in seiner besseren Wärmeleitfähigkeit begründet lag ($\lambda_{\text{Öl}} = 0,1$, $\lambda_{\text{Luft}} = 0,02$ kcal/m h ⁰C). Der feine Ölfilm füllt offenbar die immer vorhandenen kleinen Unebenheiten zwischen den Oberflächen aus und vermindert vermöge seiner höheren Wärmeleitfähigkeit gegenüber der im trockenen Zustand vorhandenen Luft den Wärmeübergangswiderstand zum Zylinder (vgl. Pye (26)).

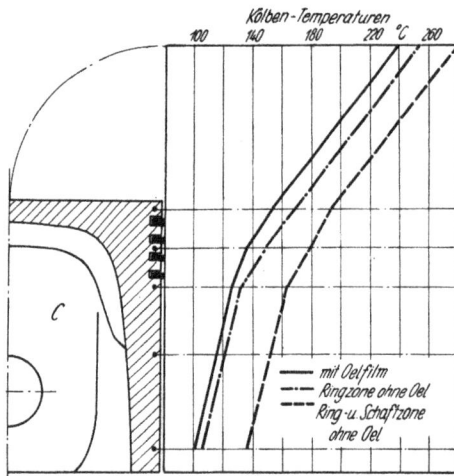

Bild 35.
Einfluß des Ölfilms auf die Wärmeabfuhr (Kalorimeterversuch).

Die Ergebnisse zeigen, wie wichtig ein beständiger Ölfilm und eine gewisse Schmiermittelmenge allein für die Ableitung der Kolbenwärme an den Zylinder sind, ganz abgesehen davon, daß damit zugleich die Kolbenreibung vermindert und die Abdichtung gegen Durchblasen verbessert wird, wodurch wiederum der Kolben thermisch entlastet wird.

Angeregt durch die genannten Beobachtungen stellte Rustige (27) Versuche über die Förderung des Wärmeübergangs zwischen zwei ebenen Platten durch eine dazwischenliegende Schmierölschicht an. Er fand eine Erhöhung der übergehenden Wärmemenge um das Drei- bis Achtfache je nach Art des verwendeten Schmieröls und eine Verminderung des Wärmeübergangs mit zunehmender Viskosität.

C. Einfluß verschiedener Zylinderkühlung.

1. Einfluß der Kühlluftgeschwindigkeit.

Bei den wechselnden Kühlverhältnissen luftgekühlter Motoren tritt, vor allem beim Flugmotor, wenn im Augenblick des Abhebens oder im Steigflug höchste thermische Belastung und niedrige Kühlluftgeschwindigkeit gleichzeitig vorliegen, eine hohe Beanspruchung des Kolbens auf.

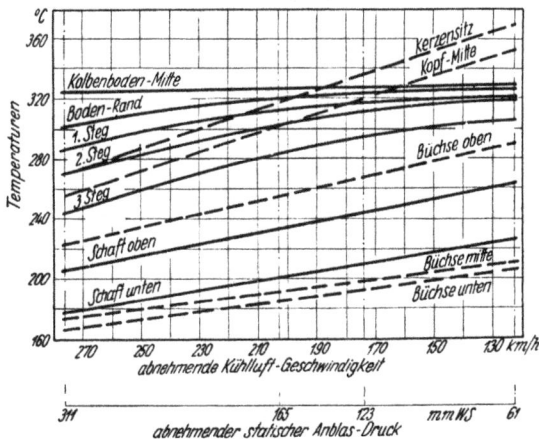

Bild 36.
Motor-Temperaturen bei abnehmendem Kühlluftgewicht
(As 10 C-Einzylinder luftgekühlt).

Am beschriebenen Argus-Einzylinder wurden Vollastläufe bei verschiedenen Kühlluftgeschwindigkeiten (gemessen als statischer Druck in Millimeter Wassersäule der Anblasluft vor dem Zylinder) durchgeführt. Bei sonst gleichbleibenden Versuchsbedingungen wurde der Anblasdruck der Kühlluft von 311 mm WS schrittweise auf 65 mm WS vermindert, dem

entsprach eine Abnahme der Kühlluftgeschwindigkeit von etwa
276 km/h auf 123 km/h. Sinngemäß stieg die höchste Motortemperatur am Kerzensitz unter dem Auslaßventil von 270
auf 370° C. Infolge der steigenden Motortemperatur sank der
Füllungsgrad von 75,3 auf 72,4 vH, dementsprechend nahm
auch die Leistung von 27,0 auf 25,6 PS ab.

Verfolgt man den Temperaturanstieg im Kolben bei abnehmender Kühlluftgeschwindigkeit, so zeigt sich, daß am
Schaft und unteren Ringabschnitt die Kolbentemperaturen
etwa verhältig den Zylindertemperaturen ansteigen. Schon
in den oberen Stegen aber nehmen die Kolbentemperaturen
mit abnehmender Kühlluftgeschwindigkeit langsamer zu, und
am Kolbenboden selbst tritt nur eine sehr geringe Temperatursteigerung ein (Bild 36).

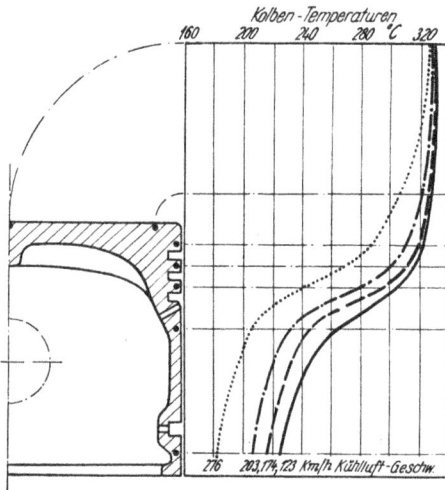

Bild 37.
Einfluß der Kühlluftgeschwindigkeit (As 10 C-Einzylinder luftgekühlt).

Infolge der geringeren abführbaren Wärmemenge stellt
sich im Kolben ein kleineres Temperaturgefälle ein, wobei diese
Gefälleverringerung bei fast gleichbleibender Bodentemperatur
im wesentlichen durch Angleichung der Schaft- und Ringtemperatur an die steigende Zylindertemperatur erfolgt
(Bild 37).

2. Einfluß des Kühlmittels.

Es wird allgemein angenommen, daß wassergekühlte Motoren in der Leistung etwas höher liegen als luftgekühlte. Versuche, die M. Kuhm (15) an zwei Einzylindermotoren genau gleicher Abmessung durchführte, von denen der eine luft-, der andere wassergekühlt war, bestätigten dies und gaben darüber hinaus auch einen Anhalt über das Verhalten der Kolbentemperaturen.

Motor	Ver- dich- tung	Füllg. vH	eff. Leistg. PS	eff. Ver- brauch g/PSh	Kolbentemp. Drucks. Mitte °C	Ring- zone °C	Schaft °C	Kühlmittel- temperatur vor Zyl. °C	nach Zyl. °C
120 LK	5,5	72	25,8	271	325	220	185	30	130
120 WK		75,5	27,3		320	200	130	75	85

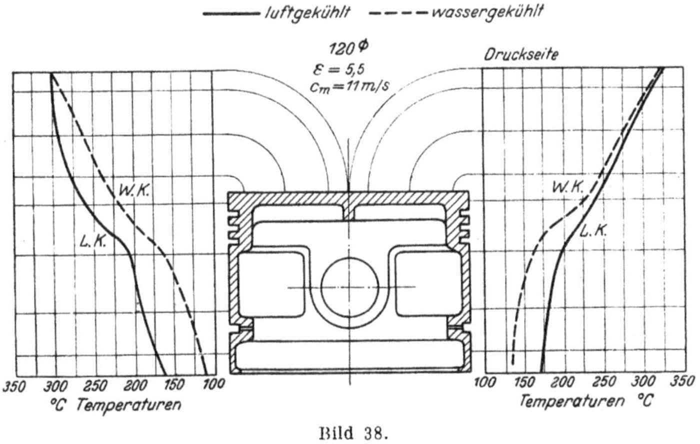

Bild 38.
Kolbentemperaturen bei Luft- und Wasserkühlung (1,47 Ltr. Motor).

Trotz höherer Leistung, die vor allem durch die bessere Füllung zu erklären ist, liegen bei etwa gleichem spezifischem Verbrauch die Kolbentemperaturen beim wassergekühlten Motor niedriger als beim luftgekühlten, und zwar, wie nach den Versuchen mit verschiedenen Kühlluftgewichten zu erwarten war, vor allem in der Schaft- und Ringzone, wo sich der höhere Wärmeübergang zum Wasser am ehesten auswirkt (Bild 38). Verantwortlich für die höhere Wärmeabfuhr zum Wasser wird

im wesentlichen das durchschnittlich größere Temperaturgefälle an der Übergangsfläche Zylinderwand/Kühlmittel sein.

Auf Grund dieser Ergebnisse kann man auch auf die Wirkung der Heißkühlung auf die Kolbentemperaturen schließen:
Die höhere Temperatur des Kühlmittels wird gegenüber der
normalen Flüssigkeitskühlung mit niedriger Kühlmitteltemperatur ein etwa verhältiges Ansteigen der Zylindertemperaturen hervorrufen und damit die gleiche Wirkung haben wie
die Verminderung der Kühlluftgewichte.

D. Einfluß des Zylinderwerkstoffs.

Versuche, die im FKFS mit zwei Zylindern gleicher Ab
messung, von denen der eine aus Perlitguß, der andere aus einer
Leichtmetallegierung hergestellt war, bei stationärer Beaufschlagung im Kühlschacht durchgeführt wurden, zeigten schon,
daß die Wärmeleitfähigkeit des Zylinderwerkstoffs die Motortemperaturen beeinflussen kann (Bild 39). Doch war zweifel-
haft, ob dieser günstige Einfluß auch bei den hohen Belastungen
im Flugmotor anhalten würde.

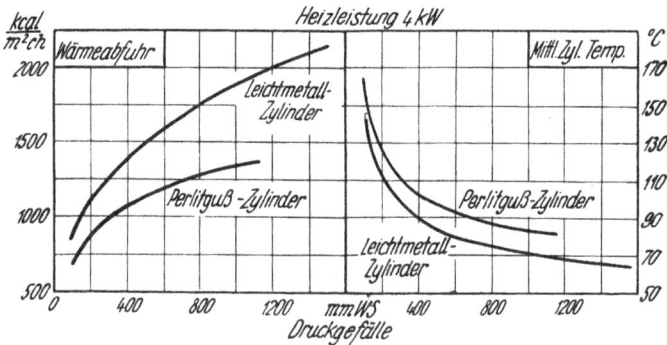

Bild 39.
Versuche im Kühlschacht bei stationärer Wärmebeaufschlagung.

Zur Klärung wurden am HM 8-Einzylinder unter den auf
Seite 17 beschriebenen Versuchsbedingungen Vergleichsversuche mit einer normalen Zylinderbüchse aus Perlitguß und
einer Sonderausführung in Leichtmetall (Leg. Y) unternommen.

Die große Ausdehnung des Leichtmetallzylinders in axialer
Richtung wurde durch Federpakete aufgenommen, die aus
übereinandergelegten, gewölbten Unterlagscheiben bestanden
und die die größere Ausdehnung des Leichtmetallzylinders
während des Warmfahrens aufnahmen (Bild 40). Ihre Zahl

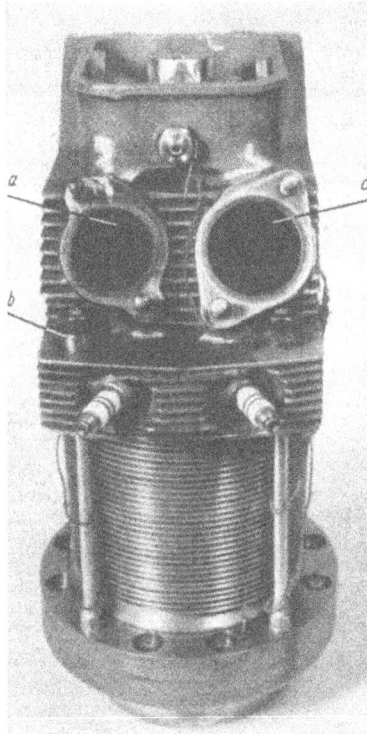

Bild 40.
HM-8-Einzylinder mit Leichtmetall-Zylinder und elastischer Verankerung
des Zylinderkopfes. (a Auslaß, b Federpakete, c Einlaß.)

wurde so bemessen, daß beim Belasten des Motors die Durch-
federung bereits erschöpft und eine starre Verbindung her-
gestellt war. Durch diese einfache Anordnung gelang es, das
Durchblasen zu verhindern. Bemerkenswert ist, daß sich der
Leichtmetallzylinder während der zahlreichen Meßläufe im
Gegensatz zum Perlitguß-Zylinder praktisch überhaupt nicht

(unter $^1/_{100}$ mm) verzogen hat. Dieses erstaunliche Verhalten wird nicht nur auf die federnde Befestigung der Leichtmetallbüchse, sondern auch auf den grundsätzlich besseren Ausgleich der Wärmespannungen im Leichtmetall zurückzuführen sein. Die Meßläufe wurden bei gleicher Verdichtung ($\varepsilon = 6$) und zwei Drehzahlen ($n = 3000$ und 2000 U/min) durchgeführt und jeweils auf die vorher aus Leistungsläufen über dem Brennstoffdurchfluß ermittelte Bestleistung eingestellt.

Motorische Kennwerte	eff. Leistg. PS	mittl. eff. Druck kg/cm²	eff. spez. Verbr. g/PSh	Antr. Leistg. PS	inn. Leistg. PS	mittl. inn. Druck kg/cm²	inn. spez. Verbr. g/PSh	Füllung vH	Gasdurchlaß m³/h
n = 3000 U/min									
Perlitguß	27,5	8,25	277	7,4	34,9	10,5	217	84	0,11
Leg. Y	28,9	8,67	265	6,5	35,4	10,6		86	0,45
n = 2000 U/min									
Perlitguß	19,2	8,65	287	4,4	23,6	10,6	233	91	0,05
Leg. Y	20,2	9,1	272	3,5	23,7	10,7		93,7	0,36

Temperaturen °C:

	Druckseite						Gegendruckseite						Brennraum
	Kolben			Büchse		Kopf	Kolben			Büchse		Kopf	
	Schaft	Ringe	Mitte	u.	o.	Mitte	Schaft	Ringe	Mitte	u.	o.	Mitte	
n = 3000 U/min													
	175	230	320	127	202	165	186	260	320	135	215	236	840
	187	255	325		190	152		250	325		210	220	765
n = 2000 U/min													
	155	175	282	108	175	137	163	202	282	115	195	200	770
	152	190	278	105	165	135		190	278		185	191	720

Gewicht des Zylindes aus Perlitguß: 2,37 kg.
Gewicht des Zylinders aus Leg. Y: 1,27 kg.

Die Meßwerte, die mit einem normalen Topfkolben im Perlitgußzylinder und einem Sonderkolben Bauart Cross (28) im Leichtmetallzylinder gewonnen wurden (Bild 41), zeigen zunächst, daß unter den vorhandenen Bedingungen die Kolben und Zylindertemperaturen noch nicht nennenswert gesenkt werden konnten. Daß die Motorleistung beim Leichtmetallzylinder trotzdem um etwa 5 vH höher lag (s. unten), erklärt sich zunächst aus der geringeren Antriebsleistung. Diese ist

Bild 41.
Kolben nach Bauart Cross und normaler Topfkolben für IIM 8-Motor
mit Schmelzstiften.

wieder in der geringeren Kolbenreibung des Cross-Kolbens begründet, der die Laufbahn selbst nicht berührt, sondern nur von dem mit kleinstem Spiel eingebauten sehr harten Thermochrom-Ringen geführt wird. Die Antriebsleistung wird dadurch von 7,4 auf 6,5 PS bei 3000 U/min, also etwa um 12 vH herabgesetzt. Nach Untersuchungen im FKFS über Reibungsverluste beträgt der Anteil der Kolbenreibung in diesem Bereich allein etwa 15 vH, der der Ringreibung etwa 9 vH von den gesamten Antriebsverlusten. Berücksichtigt man eine etwas höhere Reibung der breiteren Thermochrom-Ringe und setzt sie von der gesamten Kolben- und Ringreibung (24 vH) ab, so trifft man etwa auf den Wert von 12 vH als reinen Kolbenanteil, der beim Cross-Kolben, da dieser die Laufbahn selbst nicht berührt, entfällt.

Außerdem wird durch die höhere Wärmeabfuhr des Leichtmetallzylinders — ohne daß diese sich bei dem großen Wärmeeinfall in einer wesentlichen Temperatursenkung im Zylinder ausdrücken müßte — der Zylinderkopf entlastet und damit Ladegewicht, Füllung und Leistung verbessert.

Weiter deuten die Temperaturen des Cross-Kolbens besonders an der Druckseite, wo sie infolge Fehlens des sonst vorhandenen Wärmeschlusses die des normalen Kolbens sogar noch übersteigen, wieder darauf hin, wie wichtig ein geringes Kolbenspiel in der Ring- und Schaftzone für besseren

Wärmeschluß und als Schutz gegen vorbeiblasende Brenngase ist.

Als weiterer Nachteil traten klappernde Geräusche auf, die
so stark wurden, daß der Scheitel der Leistungskurve über der
Bestzündung beim Leichtmetallzylinder nicht eingestellt, sondern mit Spätzündung gefahren werden mußte. Wahrschein-
lich neigt der Cross-Kolben von einer gewissen Belastung an
zum Kippen, was durch die starke Konizität der Büchse im
Betrieb (0,18 mm im Dmr.) noch begünstigt wird.

Zusammenfassend zeigen die bisherigen Ergebnisse, daß
durch Verwendung des Leichtmetallzylinders und eines
Kolbens der Bauart Cross unter den vorliegenden Umständen
zwar eine geringe Leistungssteigerung, Senkung des Verbrauchs
und thermische Entlastung des Zylinderkopfes erreicht werden
kann, die Kolben- und Zylindertemperaturen jedoch noch nicht
nennenswert gesenkt werden können. Hierfür erscheinen beim
Cross-Kolben Maßnahmen zur Verminderung des Gasdurch-
lasses und zur besseren Führung des Kolbens angezeigt.

V. Versuche mit zusätzlicher Kühlung des Kolbeninnern.

Im folgenden wird über einige Versuche am laufenden Motor berichtet, welche die Möglichkeiten einer Herabsetzung der Kolbentemperaturen durch zusätzliche Kühlung des Kolbeninnern darlegen sollen. Die für diesen Zweck gewählten Anordnungen mit Luft und Öl als Kühlmittel geben einen Anhalt, welche Temperatursenkungen im Kolben mit derartigen Maßnahmen unter den vorliegenden oder ähnlichen Betriebsbedingungen erwartet werden können.

A. Kühlung durch Luft.

Wie schon einleitend erwähnt wurde, konnten Untersuchungen über den Einfluß verschiedener Spülarten auf die Kolbentemperaturen im Rahmen dieser Versuche noch nicht zur Durchführung gelangen. Einfache Maßnahmen, wie Durchlüften des Kurbelgehäuses oder Anblasen des Kolbeninnern mit Luft, boten jedoch Gelegenheit, die Wirkung einer Luftkühlung auf die Kolbentemperaturen am laufenden Motor zu beobachten.

1. Durchlüften des Kurbelgehäuses.

Dieser Versuch wurde am As 10 C-Einzylinder durchgeführt (Versuchsbedingungen Seite 67). Mit einem raschlaufendem Umlaufgebläse konnte durch das Kurbelgehäuse des FKFS-Einzylinderprüfstands eine Luftmenge von 245 m³/h bei einem Druck von 0,15 atü am Verdichter geblasen werden. Die starke Durchlüftung hatte ein Absinken der Gehäusetemperatur von 100⁰ auf 50⁰ und der Öltemperatur von 70⁰ auf 48⁰ zur Folge. Dabei wurden von der Kühlluft etwa 1650 kcal/h zusätzlich an Wärme aufgenommen. Trotzdem sind die Kolbentemperaturen (Bild 42) am Schaft (Druckseite) um höchstens 5⁰ und die Zylindertemperaturen nur um 10⁰ bis

15⁰ abgesunken. Die außerordentlich geringe Wirkung des
großen Kühlaufwandes, vor allem auf den Kolben, ist nur dadurch erklärlich, daß der Kühlluftstrom nicht bis an die Innenseite des rasch laufenden Kolbens hindurchdringt. In diesem
hält sich offenbar ein wärmeisolierendes Luftpolster, welches
eine Wärmeabfuhr zum kühleren Kurbelgehäuse unterbindet
und, wie auch die folgenden Versuche bestätigen, nur schwer
zu durchstoßen ist. Der Ölverlust durch Sprühöl, das von der
Kühlluft mitgerissen wurde, war beträchtlich und würde für
längeren Betrieb besondere Maßnahmen erfordern. Bei derartigen Baugrößen und Kolbengeschwindigkeiten wird dem-
nach eine nennenswerte Kühlung des Kolbens auch durch eine
starke Entlüftung des Kurbelgehäuses nicht zu erwarten sein.

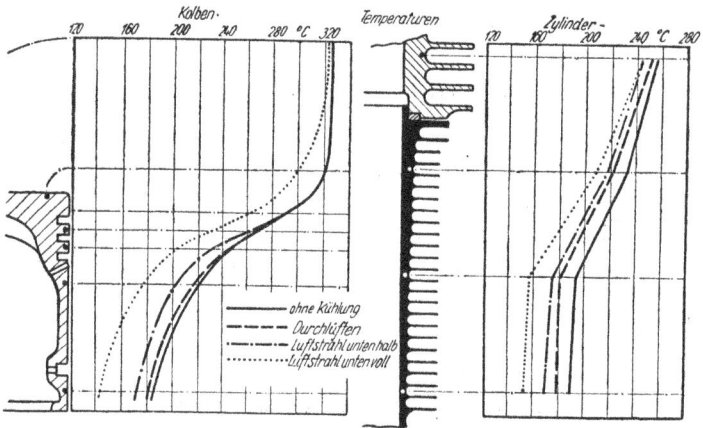

Bild 42.
Kolben- und Zylindertemperaturen bei Innenkühlung durch Luft
(As 10 C-Einzylinder luftgekühlt).

2. Luftstrahl aus fester Düse.

Hierauf wurde ein unmittelbares Anblasen des Kolbenbodens mit einem scharfen Luftstrahl angestrebt und zu diesem
Zweck zunächst ein Rohr mit 20 mm l. W. in Höhe der unteren
Büchsenkante angebracht. Durch dieses Rohr konnten mit
einem Druck von 0,29 atü 96 m³/h Luft bei halber und mit
einem Druck von 1,0 atü 194 m³/h bei voller Anblasstärke
unter den Kolbenboden geblasen werden. Die Kühlluft ver-

ließ das Rohr mit einer Geschwindigkeit von etwa 85 m/s bei
halber und 170 m/s bei voller Stärke. Es gelingt auf diese
Weise, mit dem Kühlmittel schon an die Ringzone und mit
der vollen Luftmenge sogar darüber hinaus bis an den Boden
vorzudringen (Bild 42). Doch sinkt dort die Temperatur nur
um etwa 5°, ein Zeichen, daß selbst ein solch starker Luftstrom
durch den hin- und hergehenden Kolben zerschlagen wird,
bevor er den Kolbenboden erreicht. Die Kühlluft führte
1275 kcal/h an Wärme bei halber und 2025 kcal/h bei voller
Anblasstärke ab. Der Ölverbrauch war immer noch beträchtlich.

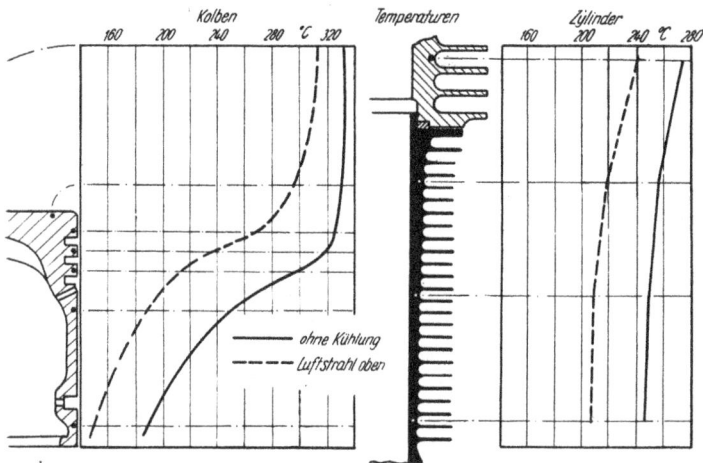

Bild 43.
Kolben- und Zylindertemperaturen bei Innenkühlung durch Luft
(As 10 C-Einzylinder luftgekühlt).

Bei einem weiteren Versuch wurde ein dünneres Rohr mit
4 mm l. W. so weit unter den Kolbenboden hinaufgeführt, daß
die Öffnung beim U.T. des Kolbens unmittelbar unter den
Kolbenboden zu liegen kam. Dadurch war die Gewähr gegeben, daß wenigstens in dieser Stellung der Luftstrahl den
Boden erreichen würde. Bild 43 zeigt den Erfolg dieser Maßnahme (die Versuche wurde mit einem anderen Zylinder bei
größerem Kolbenspiel durchgeführt, wozu in einem neuen
»Grundversuch« die Temperaturverhältnisse ohne Kühlung
aufgenommen werden mußten).

6*

Mit dieser Anordnung konnte eine allgemeine Senkung der Temperaturen erreicht werden, und zwar hinauf bis zum Kolbenboden. Am größten war die Temperaturabnahme in der Ringzone (bis zu 80⁰), am kleinsten am Kolbenboden (20⁰). Die mit gegenüber dem vorigen Versuch wesentlich erhöhter Geschwindigkeit ausströmende Kühlluft führte etwa 1000 kcal/h an Wärme ab. Die Öltemperatur änderte sich nicht, doch war immer noch ein höherer Ölverbrauch bemerkbar. Bemerkenswert ist, daß durch die Innenkühlung des Kolbens die Kolbentemperaturen am Schaft teilweise unter die Zylindertemperaturen rücken.

Zusammenfassend kann gesagt werden, daß bei einer derartigen Luftkühlung des Kolbens der Aufwand zum Durchdrücken der Kühlluft sowie die auftretenden starken Ölverluste unter den vorliegenden oder ähnlichen Bedingungen in schlechtem Verhältnis zu der erzielten Wirkung einer geringen Senkung der Kohlentemperaturen stehen.

Auch der Weg einer Verbesserung der Wärmeabfuhr durch eine Verrippung des Kolbenbodens dürfte nach diesen Erkenntnissen wenig Aussicht auf Erfolg bieten. Zeigen schon die Untersuchungen bei Luftkühlung des ruhenden Kolbens keine nennenswerte Verbesserung durch Rippen, so wird im laufenden Motor mit den Schwierigkeiten, den Luftstrom überhaupt bis an den Boden heranzuführen, eine Förderung des Wärmeübergangs durch Rippen noch weniger zu erwarten sein. Jedoch ist es denkbar, daß bei größeren Einheiten, geringeren Kolbengeschwindigkeiten und vor allem bei höheren Kolbentemperaturen (Grauguß), also bei Bedingungen, die im Flugmotor meist nicht vorliegen, derartige Maßnahmen sich stärker auf die Kolbentemperaturen auswirken (17, 18).

B. Kühlung durch Öl.

Nach diesen Versuchen lag es nahe, die Luft durch ein trägeres Kühlmittel, z. B. Öl, zu ersetzen, um damit sicher an die heißen Stellen des Kolbens zu gelangen. Um den Einfluß einer Ölkühlung auf die Ausbildung der Kolbentemperaturen grundsätzlich zu erkunden, wurde zunächst die Wirkung des

Anspritzens mit Öl aus einer im Gehäuse festen Düse und aus einer am Pleuelkopf angebrachten Düse untersucht.

In einem Vorversuch wurde noch festgestellt, wie sich überhaupt die Öltemperatur auf die Kolbentemperaturen auswirkt. Unter gleichen Bedingungen wurden zwei Vollastläufe durchgeführt, wobei die Öltemperatur durch Kühlung auf etwa 50⁰ gehalten bzw. durch Heizung auf etwa 100⁰ erhöht wurde. Die Öltemperatur wurde dabei mit einem Quecksilberthermometer in der Mitte des Ölsumpfes selbst gemessen, da die übliche Messung mit am Gehäuserand liegendem Fühlelement besonders bei hohen Öltemperaturen durch die Abkühlung an der Gehäusewand einen zu niedrigen Wert ergibt.

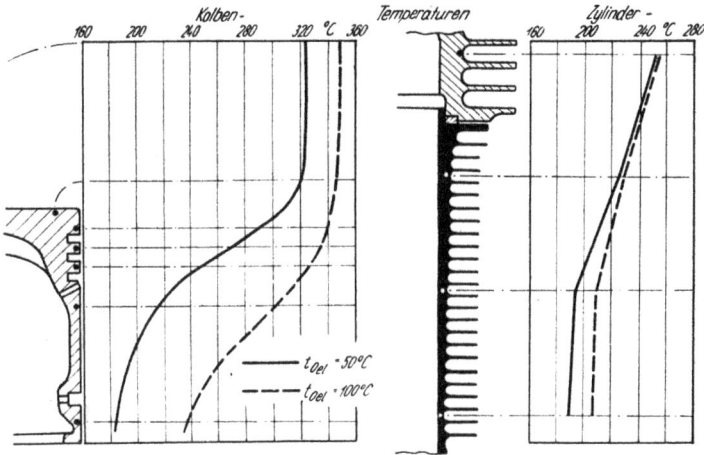

Bild 44.
Einfluß der Öltemperatur (As 10 C-Einzylinder luftgekühlt).

In Bild 44 sind die Temperaturverläufe wiedergegeben. Die Teile des Kolbens, die mit dem Öl in Berührung kommen, also Schaft- und Ringzone, erwärmen sich etwa verhältig der Öltemperatur, während der Boden nur wenig heißer wird. Mit anderen Worten, das Temperaturgefälle über den ganzen Kolben sinkt, da er weniger Wärme nach innen wegbringen kann.

Die für die Spritzölkühlung als erforderlich angesehenen Öldrücke von 5 bis 8 atü brachte eine von der Königswelle ($n = 1250$ U/min) angetriebene Zahnradpumpe auf. Sie drückte das Öl zunächst in einen Druckausgleichs- und Überlaufbehälter (Bild 31), von wo es in die feste Düse bzw. später in die Kurbelwellenbohrung geleitet wurde. Es erwies sich als notwendig, das Öl rückzukühlen, um ihm die vom Kolben und Zylinder zusätzlich aufgenommene Wärme zu entziehen. Das geschah, indem durch eine im Ölsumpf liegende Kühlschlange Wasser hindurchgeleitet wurde, dessen in der Zeiteinheit durchfließende Menge und Temperaturerhöhung ein Maß für die Wärmeaufnahme des Öls bildete.

1. Ölstrahl aus fester Düse.

In einem weiteren Versuch wurde nun eine Spritzleitung mit einer Düsenöffnung von 2 mm l. W. bis in Höhe des unteren Büchsenrandes geführt und durch diese ein kräftiger Ölstrahl mit einem Druck von 3,5 atü unter den Kolben gespritzt. Die Temperatursenkung im Kolben erreichte Werte von 120^0 in der Ringzone und im Zylinder Werte von 60^0 bis 70^0 (Bild 45). Dabei sinken die Temperaturen am Kolbenschaft beträchtlich unter die der Laufbüchse, woraus hervorgeht, daß die Büchse und damit auch der Kopf in der Wärmeabfuhr entlastet werden. Die vom Öl zusätzlich aufgenommene Wärmemenge betrug etwa 1400 kcal/h.

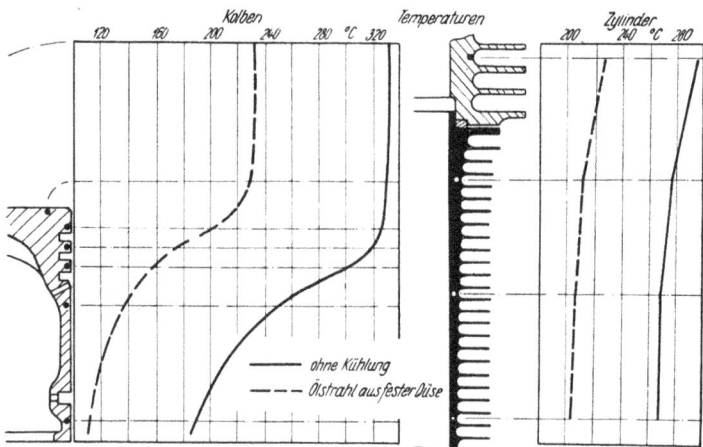

Bild 45.
Kolben- und Zylindertemperaturen bei Innenkühlung durch Ölstrahl aus fester Düse (As 10 C-Einzylinder luftgekühlt).

Doch tritt durch Versprühen und Ablaufen des Öls eine
Verschmierung der Zylinderlaufbahn ein, die einen Verlust
durch in den Verbrennungsraum gelangendes Öl, sinkende Ver-
brennungs- und Auspufftemperatur und abnehmende Leistung
zur Folge hat. Immerhin zeigt dieser Versuch, daß durch ein
träges Kühlmittel die heißen Zonen am Kolben bei Motoren
hoher Drehzahl tatsächlich erreicht und dann gleich sehr
wirkungsvoll gekühlt werden können.

2. Ölstrahl aus am Pleuel angebrachter Düse.

Der nächste Schritt war, den Ölstrahl zur Vermeidung
einer unmittelbaren Verschmierung der Zylinderlaufbahn auf
dem Wege über das Pleuel möglichst
nahe an den Kolbenboden selbst heranzuführen.   In Bild 46 und 47 ist ein
derart   ausgebildetes   Pleuel   dargestellt.

Von der Kurbelwellenbohrung, die
üblicherweise die Schmierung des Gleit-
lagers besorgt, wird das Kühlöl in einer
Nut vom Pleuel aufgenommen, durch
ein Stahlrohr am Pleuel hinauf bis
unter den Kolbenboden geleitet und
von dort durch düsenartige Öffnungen
nach oben und zur Seite gegen Boden-
und Ringzone gespritzt.   Den Erfolg
bei verschiedenen Düsenöffnungen und Öldrücken zeigt Bild 48.

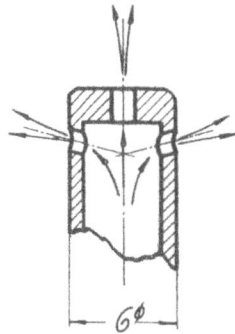

Bild 46.
Ölspritzdüse.

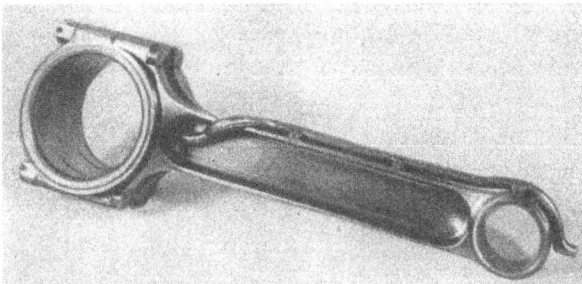

Bild 47.
Pleuel mit behelfsmäßig angeschweißter Kühlölleitung.

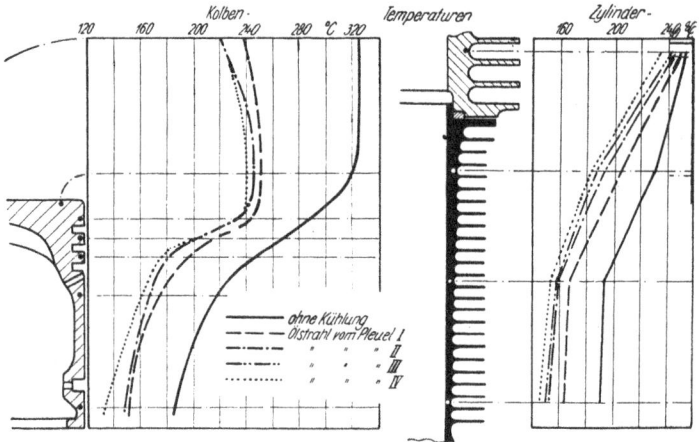

Bild 48.
Kolben- und Zylindertemperaturen bei Innenkühlung durch Ölstrahl aus einer
am Pleuelkopf angebrachten Düse (As 10 C-Einzylinder luftgekühlt).

Es bedeuten:

Versuch	Düsenöffnung	Öldruck	
I	0,8 mm Dmr.	2 atü	(mit Sugopumpe)
II	0,8 » »	8 »	(mit Zusatzpumpe)
III	1,3 » »	2 »	(mit Sugopumpe)
IV	1,3 » »	8 »	(mit Zusatzpumpe)

Bei allen Düsen und Drücken war die Temperaturminderung am größten in der Kolbenbodenmitte, wo sie zwischen
90⁰ und 110⁰ C betrug. Die vom Öl aufgenommenen Wärmemengen lagen zwischen 1000 und 1200 kcal/h. Alle Temperatur-
kurven mit Spritzölkühlung I bis IV liegen jedoch dicht bei-
einander, d. h. wenn es gelingt, das Kühlöl überhaupt an den
Kolbenboden zu bringen, so haben Veränderungen im An-
spritzdruck und in der Ölmenge nur noch geringen Einfluß.
Aber immer noch verschmierte das abgespritzte und vom
Kolbenschaft ablaufende Öl die Zylinderlaufbahn und war so
die Ursache für einen unverändert hohen Ölverbrauch.

3. Ölumlauf im Kolbenboden.

Erst als im weiteren Verlauf der Untersuchungen ein
Kolben entwickelt wurde, in dessen Boden ein Ölumlauf gelegt

war (Bild 49 und 50), konnte diese Verschmierung der Laufbahn
vermieden und der Ölverbrauch auf ein erträgliches Maß gesenkt
werden. Wie bei 2. wird das Kühlöl vom Pleuel aufgenommen,
aber nun durch Nut und Bohrungen in den Kolbenbolzen
geleitet. Von dort gelangt es durch das Kolbenbolzenauge in
den Ölraum und kann im anderen Bolzenauge um den Kolbenbolzen herum in das Kurbelgehäuse zurücktropfen. Das Gewicht

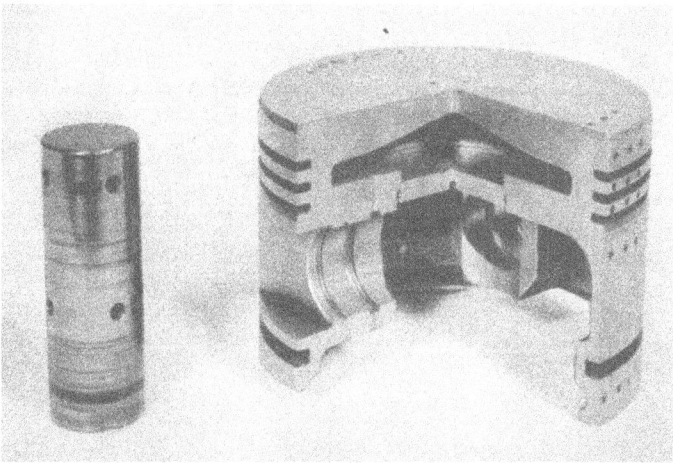

Bild 49.
Ölgekühlter Kolben mit Schmelzstiften für As 10 C-Einzylinder luftgekühlt.

des ölgekühlten Kolbens mit Ringen und Bolzen betrug
1,54 kg, während der normale Kolben 1,25 kg schwer ist. Der
Kolben wurde vorher ohne Kühlöl eingefahren, da infolge des
etwas größeren Bodenquerschnittes niedrigere Temperaturen
als bei dem normalen Kolben erwartet wurden. Dies traf, wie
aus Bild 51 ersichtlich, in der Ring- und Bodenzone auch
tatsächlich ein. Der Temperaturgewinn durch einen Ölumlauf ist in der Bodenmitte etwa so groß wie beim Ölanspritzen
vom Pleuel aus, in der Ringzone und im Schaft dagegen etwas
geringer (Bild 51). Doch könnten die Temperaturen in der
Ringzone durch Verbreiterung des Ölraumes wohl noch gesenkt werden. Dieser ölgekühlte Kolben lief während der
Meßdauer von einigen Stunden ohne Störung. Die Wärmeaufnahme des Öls erreichte 1500 kcal/h. Eine Erhöhung des Öl-

drucks von 2 auf 8 atü hatte in der Ringzone noch eine kleine Temperatursenkung zur Folge, doch sind die Unterschiede untereinander wiederum gering. Es erweist sich also nicht als notwendig, eine Zusatzölpumpe anzubringen, da fast die gleiche Kühlwirkung mit der üblichen Sugopumpe erreicht werden kann.

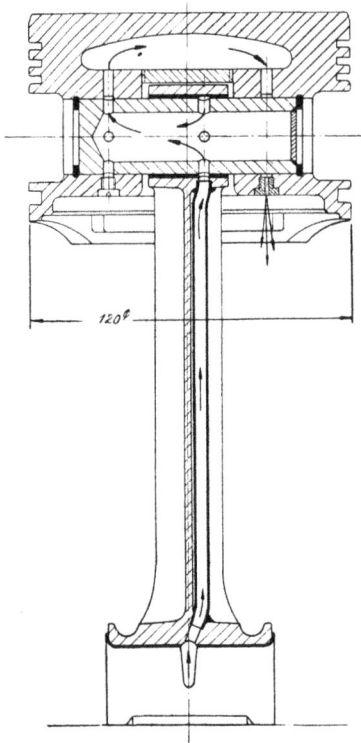

Bild 50.
Ölgekühlter As 10 C-Kolben mit Pleuel im Schnitt.

Bei den beschriebenen Versuchen ergab sich bei gleicher Einstellung des Motors zunächst keine Steigerung der Leistung. Doch sei auf die Möglichkeit einer Leistungssteigerung infolge der Senkung der Kolbentemperaturen noch hingewiesen. Hierzu mögen die Versuche am Hirth-Einzylinder herange-

zogen werden, bei denen die Kolbentemperaturen mit Aufladung gemessen wurden (Seite 22).

Angenommen sei dabei, daß die Temperatur in der Kolbenbodenmitte beim Argus (120 mm Bohrung) mit Überladung
ähnlich steigt wie beim Hirth (105 mm Bohrung) und ferner,
daß der Temperaturanstieg von der Ausgangstemperatur bei
240⁰, der Temperatur des ölgekühlten Argus-Kolbens, ähnlich

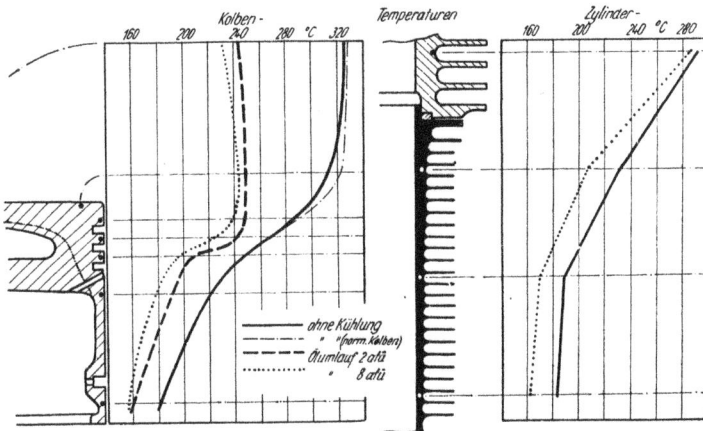

Bild 51.
Kolben- und Zylindertemperaturen bei einem Kolben mit Ölumlauf
(As 10 C-Einzylinder luftgekühlt).

ist dem bei 320⁰, der Temperatur des ungekühlten Hirth-
Kolbens ohne Aufladung. Unter diesen Voraussetzungen
könnte der Motor mit ölgekühltem Kolben von 8 kg/cm² bei
1,0 ata Ladedruck bis zu einem mittleren Innendruck von 12
bis 13 kg/cm² bei 1,5 ata Ladedruck aufgeladen werden, ehe
die Kolbentemperaturen die Höhe von 320⁰ erreichen würden.
Demgegenüber würde der ungekühlte Kolben bei derartiger
Aufladung Temperaturen bis zu 400⁰ in der Bodenmitte erreichen.

Es wäre auch denkbar, eine solche Zusatzkühlung (Ölanspritzen oder auch Ölumlauf) nur bei kurzzeitiger Überbelastung des Kolbens, beispielsweise beim Start oder Steigen
eines Flugmotors, wenn besonders ungünstige Kühlbedingungen
zugleich mit höchster Belastung vorliegen, einwirken zu lassen.

4. Übersicht.

In der nachfolgenden Übersicht (Bild 52) sind die bei den verschiedenen Kühlanordnungen erreichten Temperatursenkungen in der Bodenmitte sowie in der Ring- und Schaftzone zusammengestellt.

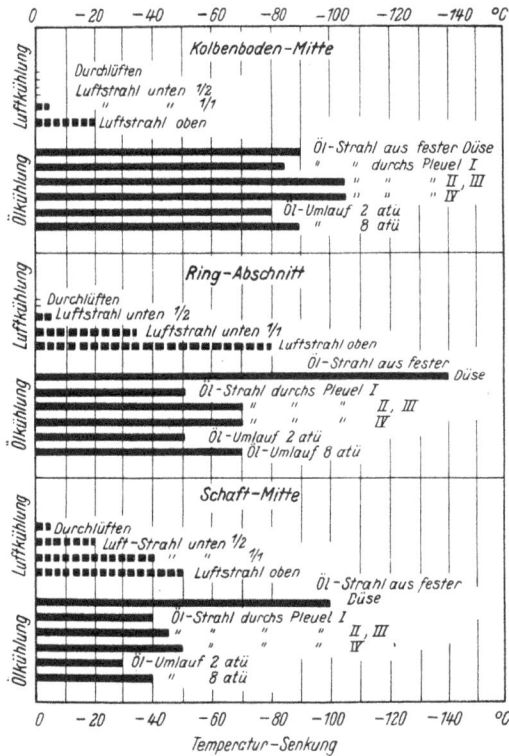

Bild 52.
Verminderung der Kolbentemperaturen durch Innenkühlung
(As 10 C-Einzylinder luftgekühlt).

VI. Zusammenfassung.

In einer kalorimetrischen Versuchsanordnung und am Einzylinder-Otto-Motor wurden Untersuchungen über die Beeinflussung der Kolbentemperaturen durchgeführt. Über Fragen des Einflusses der Kolben- und Kolbenringgestaltung hinaus wurden auch Versuche und Betrachtungen über den Einfluß veränderter Betriebsbedingungen im Wärmeeinfall und der Wärmeabfuhr auf die Kolbentemperaturen angeschlossen. Bei der Wahl der Versuchsbedingungen wurden die heute bei Flugmotoren üblicherweise vorliegenden thermischen Beanspruchungen berücksichtigt. Abschließend konnte, gestützt auf einige Vorversuche, auch auf Möglichkeiten der zusätzlichen Kühlung des Kolbeninnern zum Zwecke einer weiteren Herabsetzung der Kolbentemperaturen hingewiesen werden. Soweit Ergebnisse aus dem Schrifttum vorlagen, wurden sie sinngemäß in die Abhandlung eingefügt.

A. Einfluß des Wärmeeinfalls.

1. Vorversuche bei stationärer Beaufschlagung in einer kalorimetrischen Versuchsanordnung zeigen bereits, daß die Kolbentemperaturen nicht verhältig der Beaufschlagung, sondern aus verschiedenen Gründen langsamer ansteigen.

2. Mit zunehmendem Ladegewicht steigen die Temperaturen im Brennraum, Zylinderkopf, in der Kolbenbodenmitte und am Ringabschnitt etwa verhältig, die Schaft- und Büchsentemperaturen etwas langsamer an, wodurch das Temperaturgefälle im Kolben größer wird.

3. Versuche mit Aufladung zeigen eine weitere Erhöhung der Bodentemperatur und ein sehr starkes Aufheizen des Ringabschnitts durch den steigenden Gasdurchlaß sowie eine weitere Zunahme des Temperaturgefälles im Kolben.

4. Über einem großen Gemischbereich bleiben die Motortemperaturen konstant. Abmagerung, soweit diese am
Einzylinderprüfstand getrieben werden konnte, bewirkt
ein langsames, Anreicherung ein rasches Absinken der
Motortemperaturen mit Ausnahme der Auspufftemperatur,
die durchweg mit zunehmender Abmagerung steigt. Durch
starke Überfettung (Luftüberschuß 0,6) können die Temperaturen im Kolbenboden und Zylinderkopf um 70
bis 80⁰ gesenkt werden, womit aber eine Steigerung
des spezifischen Brennstoffverbrauchs um 50 vH verbunden ist.

5. Durch Zusätze von hoher Verdampfungswärme zum
Kraftstoff kann eine Erhöhung der Klopfgrenze und
eine Senkung der Motortemperaturen erreicht werden,
womit aber meist auch ein steigender Brennstoffverbrauch
verbunden ist.

6. Frühzündung erhöht die Motortemperaturen — mit
Ausnahme der sinkenden Auslaßtemperatur — ganz außerordentlich. Kolben-, Zylinder- und Brennraumtemperaturen nehmen rascher zu als z. B. der Zündzeitpunkt vorverlegt wird. Durch Spätzündung kann, bei wenig steigen-
dem Verbrauch aber rasch sinkender Leistung, eine wirksame Kühlung des Brennraumes erreicht werden.

7. Mit steigender Drehzahl nehmen die Motortemperaturen
und die an das Kühlmittel übergehenden Wärmemengen
zu. Letzteres ist durch die Verbesserung des gasseitigen
Wärmeübergangs zu erklären. Als Grund für die Erhöhung der Brennraumtemperatur werden einige in Frage
kommende Einflüsse näher erwogen.

8. Ein Einfluß der Verdichtung auf die Motortemperaturen
ist nicht festzustellen.

9. Mit abnehmender Baugröße nehmen — bei geometrisch
ähnlich gebauten Zylindern — die Kolbentemperaturen
langsam ab und streben einem Grenzwert zu, der etwa bei
einem Zylinder von 60 mm Bohrung erreicht wird. Unter
diesem Durchmesser ist, bei Wahrung der geometrischen
Ähnlichkeit und gleicher Kühlbedingungen, keine weitere
Senkung der Kolbentemperatur zu erreichen.

B. Einfluß der Kolben- und Kolbenringgestaltung.

10. Nach Versuchen bei stationärer Beaufschlagung bleibt ein Kolbenboden von 14 mm Dicke in der Mitte 130⁰ kühler als ein Boden von 3,5 mm Dicke, bei fast gleichbleibender Randtemperatur. Nimmt die Bodendicke von 3,5 mm in der Mitte auf 14 mm am Rand zu, so kann bereits die Spitzentemperatur um 65⁰ gesenkt werden. In geringerem Maß wirkt sich eine zunehmende Schaftdicke (Dicke der Ringzone) aus. Sowohl Böden mit zunehmender Bodendicke, wie solche mit zunehmender Schaftdicke streben, bei sonst gleichbleibenden Abmessungen, in ihren Spitzentemperaturen einem unteren Grenzwert zu, welcher durch die Menge der durch die anderen Querschnitte und zum Kühlwasser überhaupt abführbaren Wärme gegeben ist. Kühlung durch Luftanblasen von innen bewirkt beim dünnen, heißen Boden eine starke Abkühlung — wenn die Kühlluft den Boden erreicht — und gleicht im übrigen die Temperaturen bei verschiedener Bodendicke aus.

11. Rippen in der üblichen Bauart auf der Innenseite des Kolbenbodens bringen selbst bei stationärer Beaufschlagung im Kalorimeter und Anblasen mit Kühlluft keine nennenswerte Senkung der Kolbentemperatur.

12. Ein Kolbenboden aus einem Werkstoff geringer Wärmeleitfähigkeit wird heißer als ein solcher aus gut leitendem Werkstoff. Der Temperaturunterschied in der Kolbenbodenmitte liegt bei stationärer Beaufschlagung zwischen 800⁰ beim Stahlguß (Ford-Leg.) und 250⁰ beim Kupfer als gut leitendem Vergleichswerkstoff. Auch hier nähern sich die Temperaturen mit zunehmender Wärmeleitfähigkeit einem Grenzwert, der durch den gegebenen Wärmewiderstand an der Kühlmittelseite bestimmt ist. Vergleichsversuche am laufenden Motor brachten innerhalb der Leichtmetallgruppe (Leg. Y und Leg. EC 124) nur Temperaturunterschiede von 10⁰ in der Bodenmitte und 20 bis 30⁰ in der Ringzone.

13. Auf den Kolbenboden elektrolytisch aufgebrachte dünne Oberflächenschutzschichten können, wie Versuche bei stationärer Beaufschlagung zeigen, zu einer merklichen

Abschirmung und Entlastung des Kolbens beitragen, die zu Temperatursenkungen im Kolben bis zu 50° führen können.

14. In einem verbundgegossenen Boden (Mitte Leg. Y, Rand Leg. EC 124) wurde bei stationärer Wärmebeaufschlagung ein Wärmestau an der Gußnaht nicht festgestellt.

15. Nach Ergebnissen von Versuchen im Kalorimeter, die teilweise im laufenden Motor bestätigt wurden, ist von der Kolbenringseite her weder durch Erhöhung der Ringzahl noch durch Verringern des Abstandes des obersten Kolbenringes vom Bodenrand oder durch Verbreiterung der Ringe oder durch Verwendung von Leichtmetallringen im Rahmen der durch die anderen Aufgaben des Kolbenringes gegebenen Grenzen eine nennenswerte Beeinflussung der Kolbentemperaturen zu erwarten.

C. Einfluß der Wärmeabfuhr.

16. Vergrößerung des Kolbenspiels von 0,6 auf 1,0 mm bewirkt am As 10 C-Einzylinder eine Erhöhung der Schaft- und Ringtemperaturen von 20° bzw. 80°, während die Temperaturen in der Bodenmitte nur um etwa 10° ansteigen. Dadurch erklärt sich auch die oft beobachtete tiefere Temperatur des Kolbens auf der Druckseite.

17. Der Ölfilm, der etwa die vierfache Wärmeleitfähigkeit der Luft besitzt, übt eine fördernde Wirkung auf die Wärmeabfuhr vom Kolben an den Zylinder aus, wie Kalorimeter- und Motorenversuche ergaben. Trockenlegung erhöhte schon im Kalorimeter die Kolbentemperaturen um 30 bis 40°.

18. Verschlechterung der Kühlung von Zylinderkopf und -büchse durch Verringerung der Kühlluftgeschwindigkeit oder Erhöhung der Kühlmitteltemperatur wirkt sich fast nur auf die Temperaturen in der Schaft- und Ringzone aus. Bei Verringerung der Kühlluftgeschwindigkeit von 276 km/h auf 123 km/h steigen im luftgekühlten As 10 C-Einzylindermotor die Temperaturen am Kolbenschaft um etwa 50°, in der Ringzone um etwa 60° und am Kolbenboden nur

um etwa 10⁰. In einem wassergekühlten Motor bleibt der Kolben bis zu 50⁰ kühler als beim luftgekühlten Motor (320 mm WS statischer Anblasdruck der Kühlluft), während die Spitzentemperatur am Kolbenboden etwa dieselbe ist.

19. Ein etwas dickerer Leichtmetallzylinder von der dreifachen Wärmeleitfähigkeit des Perlitgusses weist zwar bei stationärer Beheizung gegenüber dem normalen Perlitgußzylinder eine Verbesserung der Wärmeabfuhr auf, doch konnte diese im laufenden Motor bei Bedingungen, wie sie für Flugmotoren üblich sind, mit der gewählten Bauart noch nicht erreicht werden.

D. Versuche mit zusätzlicher Kolbenkühlung.

20. Während Luft sich bei hoher Kolbengeschwindigkeit nicht mehr als Kühlmittel eignet, können mit dem trägeren und besser leitenden Öl durch Anspritzen des Kolbenbodeninnern aus einer festen oder am Pleuel angebrachten Düse Temperatursenkungen bis zu 140⁰ in der Ringzone erreicht werden. Jedoch ist dabei die Verschmierung der Laufbahn und der Ölverbrauch beträchtlich. Eine Rückkühlung des Öls ist erforderlich. Ein besonders entwickelter ölgekühlter Kolben mit zwangsläufigem Ölumlauf im Kolbenboden bleibt in der Bodenmitte 90⁰, im Ringabschnitt 70⁰ und am Schaft 40⁰ kühler als derselbe Kolben ohne Ölumlauf. Der Ölverbrauch war, soweit während der Meßdauer von 4 Stunden festgestellt werden konnte, normal.

Zur Übersicht sei noch erwähnt, daß sich grundsätzlich alle Veränderungen im Brennraum, d. h. im Wärmeeinfall auf den Kolbenboden, ebenso wie auch Veränderungen im Boden selbst, hauptsächlich auf die Temperaturen im Kolbenboden auswirken, während die Schafttemperaturen weniger davon berührt werden. Umgekehrt wirken sich durchweg alle Veränderungen in der Wärmeabfuhr, also des Wärmeübergangs und der äußeren Kühlung oder Veränderungen am Schaft, im wesentlichen nur auf die Temperaturen in der Schaft- und Ringzone aus, während die Temperaturen am Kolbenboden in diesem Falle weit weniger betroffen werden.

VII. Schrifttum.

(1) Koch, Werkstoffe im Kolbenbau. Dtsch. Mot.-Z. 1937 H. 9.
(2) Gröber-Erk, Die Grundgesetze der Wärmeübertragung. 2. Aufl. Berlin 1933.
  Gröber, VDI-Forschungsheft 300.
(3) Eichelberg, Temperaturverlauf und Wärmespannungen in Verbrennungsmotoren. VDI-Forschungsheft 263.
(4) David, Distribution of heat losses in petrol engines. Engineer 1937, S. 154.
  Steigenberger, Der Einfluß der Kühlwasserführung auf Wärmedurchgang und Zylinderwandtemperaturen. Diss. Stgt. 1932.
(5) Bollenrath/Bungardt, Über das Wärmeleitvermögen einiger Kolbenlegierungen bei höheren Temperaturen. Metallwirtsch. 1936.
(6) Hug, Messung und Berechnung von Kolbentemperaturen in Dieselmotoren. Diss. Zürich 1937.
(7) Hecker, Einfluß des Wärmeübergangs auf den indizierten Wirkungsgrad der Gasmaschine. VDI-Forschungsheft 316.
(8) Riekert/Kuhm, Ein Beitrag zur Kolben- und Kolbenringfrage. Jahrbuch deutscher Luftfahrtforschung 1937.
(9) Riekert/Held, Leistung und Wärmeabfuhr bei geometrisch ähnlichen Zylindern. Jahrbuch deutscher Luftfahrtforschung 1938.
(10) Woydt, Diss. Stuttgart 1936.
(11) Baker, Instn. Autom. Engrs. April 1937.
(12) Janeway, Quantitative analysis of heat transfer in engines. SAE-J. Sept. 1938.
(13) Pinkel, Heat transfer processes in air-cooled engine cylinders. NACA Rep. 612.
(14) Gibson, Piston temperatures and heat flow in high speed petrol engines. Proc. Instn. mech. Engrs. 1926/1, S. 221 bis 249.
(15) Kuhm, Diss. Stuttgart 1939.
(16) Thiemann, Rund um das Thema Luftkühlung. Mot. Krit. 1936, Nr. 3 und 5.
(17) Baker, Piston temperatures. Autom. Engr. 1935, S. 97.
(18) Baker, Study of piston temperatures. Proc. Inst. Autom. Engrs. 1932/33.
(19) Sommer, Prüfung von Leichtkolbenbaustoffen. Diss. München 1931.
(20) Hütte II, 26. Aufl.

(21) Nusselt, Wärmeübergang zwischen Arbeitsmedium und Zylinderwand in Kolbenmaschinen. VDI-Forschungsheft 300; Z. VDI, Bd. 61 (1917), S. 385.

(22) Emele, Temperaturverteilung und Wärmeübergang bei Kolben von Verbrennungskraftmaschinen. Diss. Karlsruhe 1931.

(23) Kraemer, Wärmebeanspruchte Bauteile im Verbrennungsmotorenbau. Z. VDI, 1938, S. 321.

(24) Irving, Light alloy pistons. Autom. Engr. 1933, Nr. 302/03.

(25) Williams, Inst. Autom. Engrs. März 1937.

(26) Pye, Werkstoffkunde und Flugmotorenbau. Vortrag Lilienthal-Tagung München 1937.

(27) Rustige, Diplom-Arbeit Stuttgart 1938 (Prof. Dr.-Ing. W. Kamm).

(28) Über Cross-Zylinder: ATZ 1936, S. 339, Mot. Krit. 1936 Heft 4, Autom. Ind. 1936, S. 647.

(29) Über Kolbenkühlung: Autom. Engr. Sept. 1938, Autom. Ind. 1938, H. 12, SAE-J. 1938, S. 489, ATZ 1936, S. 598, NKZ 1935, S. 55.

Experimentelle Untersuchungen an schnellaufenden Kleinmotoren unter bes. Berücksichtigung des Ausspülverlustes bei Zweitakt-Gemischmaschinen. Von Dr.-Ing. Albert Geißler. 69 S., 19 Abb., 8 Zahlentaf. Gr.-8⁰. 1930. RM. 4.50

Der Zündvorgang in Gasgemischen. Von Dr.-Ing. Georg Jahn. 76 S., 25 Abb., 11 Zahlentaf. Gr.-8⁰. 1934. RM. 6.—

Raschlaufende Ölmaschinen. Untersuchungen an Glühkopf-, Diesel- und Vergasermaschinen. Von Dr.-Ing. O. Kehrer. 117 S., 81 Abb., 12 Taf. Lex.-8⁰. 1927. RM. 9.—, in Leinen RM. 10.80

Verhalten von raschlaufenden Gegendruckturbinen bei Drehzahländerungen. Von Dr.-Ing. K. Mauritz. 46 S., 31 Abb. Lex.-8⁰. 1927. RM. 4.—

Schriften der Deutschen Akademie der Luftfahrtforschung.
Heft 1: mit dem Beitrag: Über Entwicklung des Flugmotors. Von Otto Mader. 43 S. 1939. Kart. RM. 2.70
Heft 9: Physikalische und chemische Vorgänge bei der Verbrennung im Motor. Vorträge und Aussprachebeiträge. 420 S., 200 Abb. Gr.-8⁰. 1939. In Leinen RM. 30.—
Heft 14: Das Widerstandsproblem der Flugmotorenkühlung. Von Heinrich Helmbold. 17 S. Gr.-8⁰. 1940. Kart. RM. —.90

Die Zündfolge der vielzylindrigen Verbrennungsmaschinen, insbesondere der Fahr- und Flugzeugmotoren. Von Prof. Dr.-Ing. Hans Schroen. 375 S., 853 Abb., 52 Taf. Gr.-8⁰. 1938. RM. 20.—

Gasmaschinen und Kompressoren mit Wasserkolben. Entwicklungsgedanken und Erfahrungen. Von Prof. Dr.-Ing. Georg Stauber. Mit einem Anhang „Die Flüssigkeitsbewegung in Wasserkolbenmaschinen" von Dr.-Ing. Friedr. Engel. 137 S., 86 Abb., Gr.-8⁰. 1937. RM. 9.80

Diesel- und Treibgasmotoren. Taschenbuch für Techniker und Monteure. Von Ing. Franz Weber. 274 S., 161 Abb. 8⁰. 1937. Kart. RM. 9.60

R. OLDENBOURG · MÜNCHEN 1 UND BERLIN

www.ingramcontent.com/pod-product-compliance
Lightning Source LLC
Chambersburg PA
CBHW031449180326
41458CB00002B/705